스타일리시 맘

2010년 6월 10일 초판 1쇄 발행 | 2010년 8월 13일 2쇄 발행
지은이 · 문정원

펴낸이 · 박시형
책임편집 · 권정희, 김은경
기획 · 김지원

경영총괄 · 이준혁
디자인 · 김애숙, 서혜정, 박보희 | 출판기획 · 고아라, 김대준
편집 · 최세현, 권정희, 이선희, 김은경, 이혜선, 이혜진, 신나래
마케팅 · 권금숙, 김석원, 김명래, 백승훈
경영지원 · 김상현, 이연정
펴낸곳 · (주)쌤앤파커스 | 출판신고 · 2006년 9월 25일 제313-2006-000210호
주소 · 서울시 마포구 동교동 203-2 신원빌딩 2층
전화 · 02-3140-4600 | 팩스 · 02-3140-4606 | 이메일 · info@smpk.co.kr

ⓒ 문정원 (저작권자와 맺은 특약에 따라 검인을 생략합니다)
ISBN 978-89-92647-40-3 (13590)

쌤앤파커스(Sam&Parkers)는 독자 여러분의 책에 관한 아이디어와 원고 투고를 설레는 마음으로 기다리
고 있습니다. 책으로 엮기를 원하는 아이디어가 있으신 분은 이메일 book@smpk.co.kr로 간단한 개요
와 취지, 연락처 등을 보내주세요. 머뭇거리지 말고 문을 두드리세요. 길이 열립니다.

아이 낳고 더 예뻐진 맘들의 스타일 북

스타일리시 맘

문정원 지음

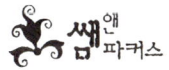
쌤앤파커스

웃음은 사랑하는 배우자에게, 내 아이에게, 가족에게, 동료에게,
무엇보다 자신에게 기분 좋은 하루를 선물해주는 힘이다.

●

아이 엄마가 되고 30대 중반을 넘어서면 그저
예쁜 얼굴보다는 분위기, 즉 나만의 스타일을 갖출 필요가 있다.
따라서 스타일에도 치밀한 전략이 필요하다.

●

엄마가 행복해야 아이도 행복하고,
아이가 행복해야 엄마도 행복할 수 있다는 생각으로
'엄마'라는 이름을 부담 없이 즐기자.

●

아이는 엄마를 통해 세상을 바라본다.
아이에게 멋지게, 즐겁게, 여유 있게 살아가는 엄마의 모습을,
긍정적인 눈으로 세상을 바라보는 태도를 보여주자.
이것이야말로 진짜 '스타일리시 맘'의 모습이자 철학일 것이다.

CONTENTS

CHAPTER 2

스타일 맘,
패션을 말하다

Fashion & Styling

CHAPTER 3

스타일 맘,
몸매관리로 자신감을 찾다

Body & Health

CHAPTER 4

스타일 맘,
스타일리시하게 키우다

Enjoy your life

엄마이기에,
우리 더 멋지게 살자!

아이 낳고 더 예뻐진 엄마들이 있다. 이유를 물어보니 아이를 데리고 다닐 때마다 사람들이 아이 한 번 쳐다보고, 엄마 한 번 쳐다보더라는 것. '아이가 아빠 닮았나 보네?', '애는 이렇게 예쁜데 엄마는 왜 저 모양?' 이런 말이 얼굴 가득 적혀 있다는 것이다. 아차 싶은 마음에 조금 더 신경 쓴 다음부터는, 훨씬 예뻐졌을 뿐 아니라 어쩌면 그렇게 스타일리시하냐는 칭찬까지 듣게 되었다고.

사실 싱글은 조금만 신경 쓰면 얼마든지 스타일리시해질 수 있다. 하지만 아이와 가족을 챙겨야 하는 엄마는 자기 스타일까지 챙길 여유가 없다. 더구나 옷 잘 입고 예쁘게 꾸민다고 해서 꼭 스타일리시한 것도 아니다.
그렇다면 스타일리시하다는 것은 어떤 의미일까? 유행을 잘 안다? 옷을 잘 입는다? 세련되었다?
사람마다 떠올리는 단어가 다르겠지만, 내 생각에 예쁘다는 말보다는 매력적이라는 말과 더 의미가 통하는 것 같다. '스타일리시하다'는 표현은 말 그대로 자기만의 스타일이 있다는 것. 단단한 내면이 자신감과 겸손함이라는 형태로 외적인 스타일과 만났을 때, '스타일리시'라는 당당한 아우라가 만들어진다고 생각한다.

그래서 스타일리시함은 멋과 맛이 조화를 이뤄야 한다. 엄마라면 특히 '가족'과 '일'과 '자기 자신'이라는 3박자의 균형을 잘 맞춰야만 스타일리시해질 수 있다.

우리 '엄마'들은 가족에게 헌신하는 것은 세상 누구보다도 잘한다. 직장맘들은 일에도 열심이다. 딱 하나 맘대로 안 되는 것은 바로 자기 자신을 소중히 하는 것!

따라서 스타일리시하게 살려면 무엇보다도 자신에게 집중해야 한다. 엄마가 행복해야 아이도 행복하고, 내 인생이 있어야 가족의 인생도 있다. 남편만 하염없이 바라봐서도 안 되고, 아이에게 평생 올인해서도 안 된다. 내가 어떤 모습으로 나이 들어가고 싶은지, 어떤 일을 하고 싶은지, 어디를 가고 싶은지, 나에게 맞는 삶과 스타일을 만들어가자.

어떻게 해야 엄마와 아내이자 여자로서 멋지게 살아갈 수 있을지를 구상하는 것이야말로 평생을 '스타일리시 맘'으로 살아갈 수 있는 첫 단추일 것이다.

이 첫 단추를 꿰는 시기가 바로 임신과 출산, 첫 육아를 겪는 3년이다. 인생에서 축복받은 시기임이 분명하지만, 여러 가지 변화로 마음은 복잡하기만 하다.

사실 20~30대는 인생에서 많은 것을 이뤄내야 하는, 쉽지 않은 시기다.

내 한 몸 챙기기도 버거운데 또 다른 생명까지 책임져야 한다니 몇 배는 힘들고 어렵겠지만, 그럴수록 자신을 다잡아야 한다.

스타일리시하게 살자고 말하면 "누구는 꾸밀 줄 몰라서, 나 소중한 줄 몰라서 이러고 있나? 집안일에 (회사일에) 아이까지 키우면서 어떻게 스타일리시하게 살라는 거야?"라고 반문하는 엄마들도 많다. 맞는 말이다. 세상 누구보다도 바쁜 존재가 바로 엄마이니까. 나 또한 아이 때문에 하루하루 정신없이 바쁘게 사는 엄마인데, 엄마들에게 하루 몇 시간씩 자신에게 투자하라는 무리한 요구를 할 생각은 없다. 대신 하루에 20분이라도 자신을 돌아보고, 여자로서의 삶을 즐길 수 있는 작은 팁들을 드리려는 것이니 편하게 읽으면서 쓸 만한 아이디어를 쏙쏙 골라서 생활에 활용했으면 하는 바람이다.

비록 지금 모습이 '스타일리시'하지 않다 하더라도 실망은 금물! 물론 포기도 금물이다. 스타일은 하루아침에 변하지 않는다. 단박에 이루려 욕심 내지 말고 일 년 뒤, 3년 뒤, 5년 뒤를 꿈꾸며 천천히 나아가자. 어느 순간 누구보다 스타일리시해진 당신을 발견할 수 있을 것이다.

이 책을 준비하면서 가장 자주 들었던 질문 중 하나가 '둘째는 안 갖느냐'는 이야기였다. 이제야 자신 있게 대답할 수 있다. 이 책은 내게 둘째였다. 나와 같은 어려움을 겪었던 이들에게 선배로서 힘이 되어주고 싶은 마음에 내놓은 소중한 결과물이다.

지금부터 예비맘과 초보맘이 스타일리시하게 살아가는 데 도움이 될 경험과 노하우에 대해 이야기하고자 한다.

물론 나의 경험이, 생각이 정답은 아니다. 단지 내가 아이를 낳고 키우면서, 울고 웃었던 과정을 통해 깨달은 나만의 '스타일'을 공유하려는 마음으로 이해해주길 바란다.

문정원

스타일 맘, 마인드가 먼저다 01

예비맘이 부담 없이 즐길 수 있는 태교와 초보맘을 행복하게 하는 일상을 통해
스타일 맘이 갖춰야 할 '긍정적인 마인드'가 무엇인지 살펴보자.

독일에 혼자 여행 갔을 때의 일이었다. 아는 사람이라고는 아무도 없는 곳에서 하룻밤을 보내고 이른 아침에 숙소를 나오는데, 지나가던 미화원이 활짝 웃으며 인사를 건네는 것이 아닌가. 그의 환한 미소 덕분에 그날 내내 기분이 상쾌했던 기억이 난다.

웃음은 사랑하는 배우자에게, 내 아이에게, 가족에게, 동료에게, 무엇보다 자신에게 기분 좋은 하루를 선물해주는 힘이다. 또한 웃음은 감정의 기복이 심한 임신 기간에 마음을 다스릴 수 있는 약이기도 하다.

임신했다는 사실을 안 순간은 날아갈 듯 행복할지 몰라도 하루가 다르게 느껴지는 신체적 변화에 자기도 모르게 예민해져간다. 평소에는 대범하게 넘기던 사소한 말 한마디도 가시처럼 콕 박혀서 좀처럼 잊히지 않는다.

이런 마음은 태아에게도 좋지 않은 영향을 미친다. 결국 특별한 태교를 하기보다 평소 응어리가 생기지 않게 마음을 다스리는 것이야말로 가장 현명한 태교이자 마인드 컨트롤의 첫걸음이 아닐까.

하지만 살다보면 매번 웃을 수만은 없는 일. 몸을 가누기 힘들 정도로 유난히 피곤할 때도 있고, '누구든 건드리기만 해봐'라며 예민해지는 날도 있다. 그럴 땐 특별한 방법을 동원해서라도 웃어보자.

내게는 내 얼굴보다 몇 배는 더 큰, 우스꽝스러운 안경이 있다. 파티용품점에서 산 것인데, 이 안경을 쓰고 있는 건 내 컨디션이 좋지 않다는 일종의 신호다. 재미있는 것은 분명 언짢은 기분에 쓴 안경인데 이걸 쓰고 있으면 웃을 일이 많아진다는 사실.

엄마가 된 이상, 내 기분은 나만의 것이 아니다. 실제로도 사이가 좋지 않은 부부에게서 태어난 아이가 화목한 부부에게서 태어난 아이에 비해 정신적·육체적 장애가 생길 확률이 2.5배나 높다고 한다. 결국 당신의 마음가짐이 아이의 인생을 바꾸어놓을 수도 있다는 얘기!

이 장에서는 부담 없이 즐길 수 있는 태교와 출산 후 마인드 컨트롤에 대해 이야기해보자.

태교는
공부가 아니다

"임신하셨습니다, 축하합니다."라는 의사의 목소리가 귀에 울리는 순간, 이 기쁜 소식을 어떻게 해야 좀 더 극적으로 전할 수 있을까 하는 생각이 가장 먼저 머리를 스친다. 남편의 첫마디는 무엇일지, 주변 사람들의 반응은 어떨지, 이런저런 생각이 끝도 없이 이어진다.

사람들의 축하 속에 하루가 정신없이 흘러가고 며칠이 지나면 흥분이 가라앉으면서 슬슬 '태교'라는 단어가 그 자리를 채우기 시작한다.

지금 돌이켜보면 당시에는 나를 위한 태교보다 무조건 아이를 위한 태교에 급급했던 것 같다. 아니, 태교는 당연히 아이를 위한 것이라고 여겼을 뿐 '나'를 위한 태교라는 건 아예 생각도 못했다.

물론 아이를 위한 태교가 옳지 않다는 건 아니다. 다만 아이만을 위한 것이 아니라는 말이다. 더욱이 아이를 위한답시고 마음에도 없는 '공부'를 할 필요는 없다.

태교는 아이를 위한 공부가 아니다. 공부라는 말을 굳이 붙이고 싶다면 '마음공부'라는 말이 더 적합할 것이다. 그것도 어디까지나 자신을 위한 마음공부.

태교에 좋은 책은 따로 있다?

아이를 가지면 여기저기서 태교에 좋은 책을 선물해준다. 그런데 대부분이 육아서나 동화책이어서 살짝 아쉬운 마음이 들었다. 물론 임신부라는 입장을 감안해서 사준 것이겠지만, 태교라는 명목으로 굳이 20년 넘게 보지 않던 동화책을 읽을 필요가 있을까?

동화책이 나쁘다는 건 아니다. 일부러 읽지는 말자는 거다. 육아서도 내용이 충실한 한두 권만 읽으면 된다. 그 외에는 임신부인 나를 편안하고 즐겁게 해주는 책으로 채워보자.

본인의 취향에만 맞는다면 어떤 책이어도 좋겠지만, 임신 중 가볍게 볼 만한 책으로 좋아하는 배우나 모델의 화보집을 추천하고 싶다. 간혹 그게 무슨 책이냐며 이런 책을 폄하하는 사람들도 있는데, 추억이나 스타일을 소장한다는 면에서는 가치가 있다고 생각한다. 더구나 예쁘고 잘생긴 사람의 사진을 보면 그와 닮은 아이가 태어난다고 하니, 과학적으로 증명된 바는 없지만 밑져야 본전이라는 생각으로 열심히 들여다봐도 좋지 않을까. 태교는 행복한 상상과학이다. 그러한 점에서 독서는 최고의 태교다. 멋진 연예인 사진을 보며 태어날 아이를 상상할 수도 있고, 인생의 멘토가 쓴 책을 읽으며 내 아이가 그만큼 매력적인 사람으로 커가는 모습을 꿈꿀 수도 있으니까.

다채로운 정보와 트렌드를 따라잡길 원한다면 잡지를 권한다. 특히 시간을 내기 힘든 예비맘의 경우에는 좋은 잡지 한 권만 꾸준히 구독해도 트렌디한 감각을 유지할 수 있다.

스타일 맘이 추천하는 잡지

♦ 감각 있는 30~40대 여성들의 열렬한 지지를 얻고 있는 〈레몬트리〉

♦ 멋진 인테리어와 따뜻한 가정의 분위기를 담은 〈행복이 가득한 집〉

♦ 포켓 사이즈의 VIP 잡지로 남자들도 좋아하는 〈포켓 Neighbor〉

♦ 국내에도 마니아를 형성하고 있는 일본 인테리어 잡지 〈Come Home〉

♦ 보기만 해도 기분 좋아지는 가족 커플룩을 다루는 일본 잡지 〈ano : ne〉

태교음악, 어떻게 고를까

예비 엄마에게는 태교음악, 태교동화, 태교명화 등 '태교'란 단어가 붙은

모든 것이 낯설기만 하다.

특히 임신한 동안에는 시도 때도 없이 졸음이 밀려오기 때문에, 태교라는

이름으로 강요되는 것들이 한없이 지루하게 느껴질 때도 있다.

나는 그때마다 '엄마가 졸리고 힘든 상황에서 뱃속 아이가 과연 즐거울까?' 하는 생각이 들었다. 어쩌면 아이도 '에잇, 나도 잠이나 자야지'라며 꾸벅꾸벅 졸지도 모를 일.

무조건 조용하고 잔잔한 음악이 태교에 좋다는 것도 일종의 선입견이다. 숙제하는 심정으로 클래식만 주구장창 듣지 말고 얼터너티브 록이나 펑크 록처럼 덜 부담스러운 음악으로 기분을 내보면 어떨까. 아마 뱃속 아이도 흥겨운 음악에 맞춰 신나게 뛰어놀 것이다. 개인적으로는 목소리가 귀여운 가수 요조의 '에구구구'나 '아침 먹고 땡'처럼 편안하고 유쾌한, 그리고 재미있는 노래를 추천하고 싶다.

재즈를 좋아한다면 음악과 함께 재즈 에세이를 읽으며 지식을 쌓거나, '원스 인 어 블루문' 같은 재즈 레스토랑에서 간단한 식사와 공연을 즐겨보자. 클래식을 즐겨 듣는다면 예술의 전당에서 열리는 한낮의 클래식 공연을 추천한다! 시원한 분수를 바라보며 흘러나오는 음악을 듣고 있노라면 마음까지 시원해질 정도다.

자신의 취향에 맞는 라디오 프로그램을 꾸준히 듣는 것도 좋다. 친구가 임신했을 때 매일같이 듣던 방송이라며 추천해준 것이 바로 '신지혜의 영화음악'과 '세상의 모든 음악'이었다. 진행자의 친근한 목소리와 탁월한 선곡에 반해 엄마가 된 후에도 아이를 재워놓고 몰래 들었던 기억이 생생하다. 세상에는 수많은 음악이 있는 만큼, 음악을 들을 때도 오픈 마인드가 필요하다. CF에서 흘러나오는 10초짜리 음악이라도 즐겁게 들으면 그것이 바로 최고의 태교다. 무엇이든 즐겁게 듣고 유쾌하게 맞이하자. 누구를 위해서? 바로 나를 위해서.

음악 칼럼니스트 최은정이 추천하는
태교음반 BEST

음반 칼럼니스트 최은정 러시아 국립영화 대학교에서 영화학을 전공했으며, 음악 전문지 〈비바체〉 편집장을 역임했다. 월간지 〈신동아〉에 '갖고 싶은 음반, 듣고 싶은 노래'라는 칼럼을 3년 동안 썼다.

♦ **이루마 'P. N. O. N. I (피아노와 나)'**

좋은 향기와 같은 음악으로 폭넓은 팬을 확보한 인기 세미클래식 작곡가 이루마가 남편과 아버지라는 이름으로 내놓은 앨범. 'JOY', 'LETTER' 등 수록된 곡들을 듣다 보면 오래전 일기장을 따라 과거를 여행한 후 사랑하는 가족에게 돌아온 듯한 착각에 빠진다. 그중에서도 눈에 띄는 곡은 군대에서 딸 로운을 그리워하며 작곡했다는 'Loanna.' 딸을 향한 아빠의 사랑을 감미로운 선율로 표현한 이 곡은 장차 딸의 결혼식에 오케스트라로 편곡해 연주할 계획이라고.

♦ **곽윤찬 'Noomas'**

5년 전 봄, '피아노로 쓰는 태교일기'라는 공연 준비로 여념이 없던 재즈 피아니스트 곽윤찬을 만난 적이 있다. 당시 그는 결혼 10년 만에 얻은 아들 덕분에 무척이나 행복해 보였다. 아이를 간절히 원했지만 꿈을 이루지 못했던 곽윤찬 부부는 결혼 10주년 기념으로 떠난 몰디브 여행에서 그토록 바라던 아기를 가졌다. 그는 3집 앨범 제목을 몰디브에서 묵었던 방 이름인 'Noomas'로 일찌감치 정해놓았다고 털어났다. 그는 이 앨범으로 블루노트(미국 최고 권위의 재즈 레이블)에서 음반을 발매한 첫 한국인 아티스트로 기록됐다.

♦ **김정원 '라흐마니노프 피아노 협주곡 제2번 & 차이코프스키 피아노 협주곡 제1번'**

화려한 기교보다 따뜻한 음악으로 타인을 위로하고 싶다는 인기 피아니스트 김정원이 러시아적 정열과 색채, 뜨거운 심장과 영혼의 울림에 도전한 음반. 피아니스트들이 무대에서 가장 선보이고 싶어 한다는 '라흐마니노프 피아노 협주곡 제2번'은 시적인 정서가 풍부하고 긴장감과 극적인 효과가 두드러지는 곡이다. '차이코프스키 피아노 협주곡 제1번'은 안정감 있는 테크닉을 바탕으로 부드럽게 흐르는 멜로디 라인이 돋보이는 곡. 악보 위에 자신의 느낌을 상세히 적어 표현했다는 김정원의 명연주가 위대한 작곡가의 작품을 더욱 빛낸다.

♦ **무라지 가오리 10주년 기념 베스트 앨범 'La Estella'**

세계적인 클래식 기타리스트 무라지 가오리가 발매한 음반 가운데 애착이 가는 곡을 모은 베스트 앨범. 기타계의 거장 호아킨 로드리고가 그녀가 연주하는 '파스토랄레'를 듣고 직접 편지를 보내 스승을 자처

한 것으로도 유명하다. 헨델, 파가니니, 베를리오즈, 로드리고 등의 클래식과 영화〈디어 헌터〉의 주제곡 '카바티나' 등이 수록되어 있으며, 그만의 독특한 연주기법과 완벽한 테크닉이 듣는 이에게 풍요로운 감성을 선사한다.

♦ 양강석 'Fall In Love With Ocarina'

대단한 명반을 꿈꾸기보다 새로운 장르에 목말라하는 이들에게 단비 같은 음악을 선사하고 싶다는 오카리나 연주자 양강석의 소박한 꿈이 담긴 앨범. 재즈, 보사노바, 세미클래식, 동요 등이 신비롭고 우아한 소리를 내는 오카리나로 연주되어 청아한 새벽의 별빛 같은 음악을 선사한다.

♦ 이사오 사사키 'Insight'

'편안함'이라는 이름의 포장지로 온갖 장르의 음악을 감싼 것 같은 이사오 사사키의 앨범. 세상의 모든 곳을 떠돌다 안식의 세계로 들어선 것처럼, 어머니의 따뜻한 가슴과 같은 포근함이 느껴진다. 아련한 사랑의 설렘을 담은 'Sorrow Of Love', 줄리 앤드류스의 음성이 매력적인 'My Favorite Thing', 영화〈시월애〉의 삽입곡이었던 'Must Say Good-Bye' 등 총 12곡이 수록되어 있으며, 이사오 사사키만의 청명한 피아노 연주가 고단한 심신을 위로한다.

그녀는 내게 사회선배이자 소중한 벗이다. 이제껏 그녀만큼 감성이 풍부하면서 예의바른 사람은 보지 못했을 정도로 멋진 심성의 소유자. 김종학 프로덕션에서 그녀는 영화 작업을, 나는 드라마 직업을 맡 았는데, 가끔씩 회사 근처 재즈 레스토랑에서 재즈를 들으며 시간을 보내곤 했다. 지금도 장문의 메일 을 주고받는데, 이 메일을 모으면 책 한 권이 나오겠다고 우스갯소리를 할 정도. 음악 전문가인 그녀 에게 이 책을 위한 음반 소개를 부탁했더니 처음에 엄청난 양의 원고를 보내주어 감동을 받았다.

◆ 손성제 'Repertoire & Memoir'

색소폰 연주가 손성제의 첫 음반. 손성제의 음악은 왠지 하루를 반성하는 일기처럼 느껴진다. 송영주(피아노), 전성식(베이스), 크리스 바가(드럼), 김정배(기타), 발티뇨 아나스타샤(퍼커션) 등 재즈 애호가라면 귀를 기울일 뮤지션들이 참여한 손성제의 첫 앨범에서는 안락한 카페에 앉아 하루 종일 들어도 좋을 편안함과 여유가 묻어난다.

◆ 허윤정 'Arioso'

국내 정상급 첼리스트 허윤정의 앨범 'Arioso.' '호소력 있는 소리로 관중과 교감하는 연주자'로 평가받는 그녀의 '무반주 첼로 모음곡 1번 프렐류드' 연주는 차분하고 기품 있다. 바흐의 '무반주 첼로 모음곡'은 첼로 연주를 좋아하는 사람이라면 누구나 한 장쯤 소장하고 있을 만큼 대중적이며 감동적인 곡. 재즈 피아니스트 곽윤찬(프로듀서)과 함께 내놓은 음반으로, 현대적 감각으로 재창조된 바흐의 음악과 중후한 첼로음이 매력적이다.

◆ '죽기 전에 꼭 들어야 할 재즈명곡 100'

재즈 보컬에 스캣을 정착시킨 루이 암스트롱, 불행했던 삶만큼 목소리에 고독이 묻어나는 빌리 홀리데이, 보컬리스트의 교과서라 불리는 냇 킹 콜, 재즈계의 바흐로 통하는 듀크 엘링턴, 색소폰의 거인 소니 롤린스…. 재즈계의 혁혁한 거장들의 연주와 목소리를 담은 음반. 컴필레이션 음반의 장점을 최대한 살려 스타일과 장르에 따라 8장의 음반에 마법 같은 재즈의 감동을 담아냈다.

◆ 이상화 'My Dream'

'My Dream'이라는 제목으로 발매된 플루티스트 이상화의 국내 최초 플루트 크로스오버 앨범. 가장 관심이 가는 곡은 'Decarisimo.' 이상화의 뛰어난 곡 해석과 요정이 날아다니는 듯한 플루트의 발랄함이 돋보인다. 그 밖에 'Moon River', 'When I Fall In Love', 'Beauty And The Beast' 등의 친숙한 곡들이 플루트 연주세계로 반가이 손짓한다.

◆ 이호교 '나의 사랑하는 클래식'

콘트라베이시스트 이호교 교수의 앨범. 음악을 아끼는 주인이 있는 찻집에서 머물다 돌아온 느낌이 드는 앨범이다. 앨범에 수록된 곡들은 우리에게 친숙한 클래식 명곡들로, 차이코프스키의 '오직 고독한 마음뿐', 드보르자크의 '어머니가 가르쳐주신 노래' 등 17곡을 통해, 베이스와 첼로의 음역을 넘나드는 연주자의 놀라운 테크닉과 열정을 느낄 수 있다.

◆ 정수년 'Beautiful Things In Life 空'

내가 해금이라는 악기에 관심을 갖게 된 건 10년 전쯤이었다. 어느 콘서트장에서 해금으로 연주한 라흐마니노프의 '보칼리제'를 들을 기회가 있었는데, 어찌나 해금과 잘 어울리던지 내 귀를 의심했을 정도였다. 만약 평생 10장의 음반밖에 들을 수 없다면, 꼭 챙기고 싶을 정도로 애착이 가는 음반. 정수년의 절제된 표현, 강력한 힘, 여유로움이라는 3박자가 빛을 발한다.

스타일 맘의
조금 특별한 태교

"네가 아이 엄마가 된다니 믿기지 않는다. 네 아이는 어떤 모습일지

정말 궁금하구나. 그땐 미처 몰랐는데 지금 생각해보니 10개월이란

시간이 정말 소중하더라. 몸도 마음도 힘들겠지만, 당분간 혼자 즐

길 수 있는 마지막 시간이니까 정말 후회 없이 보내길 바란다. 낮잠

도 실컷 자고 책도 많이 읽고 만화책도 실컷 보고, 맛있는 것 많이

먹고, 친구들 만나서 신나게 놀고, 사진도 최대한 많이 찍어두고. 막

상 아이 낳고 나면 하루가, 일 년이 훌쩍 지나가버리거든. 그러니

지금이라도 너만의 시간을 최대한 만끽하길!"

내가 예비맘이었을 때 선배에게 받았던 애정 어린 메일이다. 물론 그때는

선배의 깊은 뜻을 전부 이해할 수 없었지만.

절대 포기할 수 없는 티타임

임신 전, 나는 매일같이 커피를 마셨다. 커피로 하루를 시작했고, 오후를

넘어가면 커피로 피로를 달랬다. 즐기는 커피의 종류도 다양했다. 때로는

금방 내린 에스프레소를, 정신없이 바쁠 때는 일명 '다방커피'를, 가끔은

500원짜리 캔커피를. 원두 볶는 냄새가 가득한 카페에서 커피를 마시고

있으면, 아무리 복잡한 문제도 간단하게 해결되는 느낌이 들었다.

하지만 '임신하셨습니다'라는 행복한 소식과 더불어 나를 슬프게 한 사실이 있었으니 바로 커피를 마음껏 마실 수 없다는 것!

그래서 궁여지책으로 하루에 대여섯 잔씩 마시던 커피를, 보름에 한 번씩 커피의 원두향이 온몸을 자극하는 곳에 가서 마시기 시작했다.

바빠서 커피숍에 가지 못한 날이면 집에서 에스프레소를 내려 다크 초콜릿을 녹여가며 함께 마셨다. 한 모금 한 모금 마실 때마다 얼마나 행복하던지, 지금도 그 커피 맛을 잊을 수 없다(웬일인지 똑같은 커피를 마셔도 지금은 그 맛이 나질 않는다!).

그래도 커피가 참을 수 없이 그리워질 때면 커피에 관련된 책이나 카페에 대한 책, 바리스타 이야기 등을 읽기 시작했다. 인간에게 상상하는 능력이 있다는 것이 얼마나 다행스러운 일인지. 책장을 넘기다 보면 어느새 나는 커피를 마시고 있었고, 커피 여행을 떠나 있었다. 그리고 서서히 2주에 한 번씩 커피 마시는 것에 익숙해져갔다.

나처럼 절대 커피만은 포기할 수 없다는 예비맘들에게 압구정동에 자리한 '허형만의 커피집'을 추천한다. 이곳은 수많은 카페와 레스토랑에서 원두를 사갈 정도로 유명한 집이다. 몇 명만 앉아도 꽉 찰 정도로 좁은 공간이지만 나이 드신 분들도 서서 기다리는 풍경이 익숙한 곳.

남다른 맛의 커피와 함께 주 1회 사장님의 커피 클래스까지 수강할 수 있으니, 그야말로 커피를 만끽할 수 있는 최고의 장소인 셈이다.

임신한 동안 내가 커피만큼이나 아껴가며 마셨던 것이 홍차다. 우연히 영국의 명품 '헤로즈 홍차'를 맛보게 된 것이 그 계기였다. 비슷한 시기에 아이를 가진 친구와 오랜만에 만났는데, 그 친구가 건넨 선물이 바로 런던의 최고급 홍차인 헤로즈였던 것이다. 누가 그랬던가, 헤로즈를 마시는 건 런던의 명품을 마시는 것과 같다고. 그중에서도 헤로즈의 가장 독특한 블렌딩으로 불리는 No.49는 고혹적인 향수인 샤넬 No.5를 능가하는 마력을 지녔다는 찬사를 받았다고 한다.

남편이 헤로즈로 만들어준 밀크 티를 마셨는데, 부드럽게 넘어가는 맛이 이제껏 마셔본 홍차 중 최고였다. 헤로즈를 마시는 순간만큼은 영국 여왕이 부럽지 않은 기분이 된다. 달콤한 잔향을 느끼며 에쿠니 가오리의 소설 《홀리 가든》를 읽고 있으면 세상을 다 얻은 기분이 들 수도.

2주에 한 번씩 커피나 홍차를 마신다고 했을 때, 10개월이면 20번의 티 타임을 갖는 셈. 그때마다 뱃속 아이에게 차 이야기를 곁들여 편지를 써보자. 나중에 아이가 편지를 읽게 되면 차와 여유를 즐길 줄 아는 아이로 크지 않을까?

참고로 아이와 함께 마시기 좋은 홍차로는 예쁜 일러스트가 돋보이는 카렐차팩을 추천하고 싶다. 일러스트레이터의 이름을 딴 카렐차팩은 귀여운 포장과 과자로 인기가 높은 일본의 홍차 브랜드.

따뜻한 차 한 잔을 즐기며 아이와 함께 차를 마시는 상상 속으로 빠져본다면, 그 생각만으로 한없이 즐거운 태교가 될 것이다. 임신부도 부담 없이 마실 수 있는 몇 가지 차를 소개한다.

임신부도 마실 수 있는 TEA

◆ **헤로게이트 라즈베리 & 바닐라 HARROGATE RASPBERRY & VANILLA**

내가 마셔본 허브티 중 가장 최고라고 자부하는 티. 카페인 프리여서 임신부도 얼마든지 기분 전환 삼아 마실 수 있다. 한 모금 마시면 라즈베리와 바닐라향이 입 안에 가득! 식은 후 마셔도, 설탕을 넣지 않아도 향긋하고 매력적인 티.

◆ **헤로게이트 오가닉 캐모마일 HARROGATE ORGANIC CHAMOMILE**

잠들기 전에 마시면 기분을 편안하게 해주는, 무엇보다 꽃향기가 인상적인 티. 카모마일은 자궁을 강화시켜주는 기능이 있기 때문에 임신했을 때나 출산 후 마셔도 좋다. 진정작용과 소화 촉진작용 덕분에 취침 전에 마시면 편히 잠들 수 있는 것도 강점. 잠 못 드는 임신부에게 강추한다!

◆ **요기 티 YOGI TEA(ORGANIC WOMAN'S NURSING MOM TEA)**

요기 티 중에는 모유 수유 중인 엄마들을 위한 티가 있다. 유기농 허브티로 향긋한 허브향과 함께 16개의 티백을 뜯을 때마다 각각 좋은 문구가 나와서 더 기분 좋은 티.

단 한 번 의 추 억 , 만 삭 촬 영

오랜만에 아이엄마인 친구를 만나 수다를 떨고 있는데, 갑자기 친구가 이
런 얘기를 꺼냈다.

"그런데 말이야, 나도 임신했을 때 배 부른 모습을 찍어둘 걸 그랬어. 그
때는 여유가 없고 귀찮아서 그냥 넘겼는데 남들 보니 후회되더라. 그렇다
고 이제 와서 찍을 수도 없고 말이지."

자, 두 번 다시 오지 않을 수도 있는 특별한 순간
을 사진으로 남겨보자. 만삭의 배를 드러내고
사진을 찍은 데미무어의 누드사진이 이슈가 된 것은
이미 오래전 이야기. 이제 만삭촬영은 스타일리시한
예비맘들의 필수코스라고~.

그렇다면 어떻게 해야 가장 자연스러운 만삭
사진을 찍을 수 있을까?

지금부터 '스타일 맘의 특별한 만삭사진'을 위한
몇 가지 노하우를 알아보자. 10년이 지나도, 20년이
지나도 두고두고 꺼내볼 수 있는 사진을 위해.

10년이 지나도
멋진 만삭사진 찍는 법!

보통 임신 32~36주(8~9개월)에 찍기를 권하는데, 내 생각은 조금 다르다. 만삭촬영이라고 꼭 만삭 때 해야 하나? 만삭 때는 얼굴과 손발이 붓는 데다 좋은 컨디션을 유지하기 어렵다. 그리고 만삭촬영을 할 만한 여유도 없다. 따라서 시기를 조금 앞당겨 임신 7개월 정도에 찍기를 권한다!

사람마다 배 나오는 시기가 다르므로, 본인이 느끼기에 가장 임신부다우면서 예뻐 보일 때 찍으면 평생 추억하고 싶은 사진을 남길 수 있다.

'과유불급'의 원칙을 고수하자. 과해서 좋을 건 없다.
임신부는 자연스러운 모습이 가장 매력적이다. 화장은 옅은 쌩얼 메이크업이, 헤어스타일은 유행을 타지 않는 생머리나 단발머리, 기본 숏 커트 등이 무난하다. 다만 긴 머리일 경우 앞으로 숙였을 때 머리가 얼굴을 가리지 않도록 주의할 것! 재미를 원한다면 시간이 지나도 변치 않을 아이템인 '티아라' 정도는 써도 좋다.

너무 드러내지도 너무 감추지도 말자. 일부 스튜디오에서 공개하는 만삭사진을 보면 민망한 것들이 많다. 임신부 때 가장 예쁜 배를 추억으로 남기는 것까진 좋은데, 지나치게 특이한 옷을 입거나 노출이 심하면 보는 사람도 불편하다. 적당한 노출이 가장 섹시하다. 수영복을 입더라도 하늘하늘한 셔츠를 걸치면 더욱 아름다워 보인다!

무얼 입으면 좋을까? 단언컨대 블랙 컬러 의상을 선택하면 절대 실패는 없다. 시크한 분위기를 원한다면 블랙 미니 드레스나 어깨끈이 달린 블랙 롱 드레스를 시도해보자.

순결함과 청순함의 대명사인 화이트 컬러도 좋다. 화이트는 어떻게 입느냐에 따라 섹시하기도 하고 청순하기도 하고 우아하기도 한 컬러.

요즘에는 만삭사진을 무료로 웨딩촬영처럼 세련되게 찍어주는 곳도 있으니 잘 둘러보도록 하자!

만삭촬영 시 부부가
같은 분위기의 옷을
입으면 금상첨화!

사랑스럽고 귀여운 예비맘의 이미지를 원한다면 화이트 컬러의 A라인
미니 원피스를 추천한다!

어떻게 찍어야 예쁘게 나올까? 예쁜 D라인을 원한다면 45~60도
정도로 비스듬하게 서라. 그래야 라인이 살고 실루엣도 예쁘게 나온
다. 정면을 보고 찍으면 펑퍼짐해 보인다. 그래도 정면으로 찍고 싶
다면 코트로 몸을 살짝 가려주거나 턱을 당겨서 찍자. 통통해진 상
태에서 고개를 반듯하게 들고 찍으면 이중턱으로 보인다. 허리를 편
상태에서 팔로 완전히 배를 감싸면 더 뚱뚱해 보이므로, 슬림해 보
이고 싶다면 팔을 살짝 뒤쪽으로 빼는 포즈가 좋다.

좀 더 특별한 분위기를 원한다면 부부끼리 사진을 찍어보자. 흑백 모
드를 활용하면 클래식 영화 같은 분위기를 연출할 수 있다. 아이를
기다리며 준비한 소품들을 같이 찍어도 좋다. 아이 옷이나 소품을 들
고 있는 엄마의 모습이 임신부의 분위기를 가장 잘 살린다는 평!

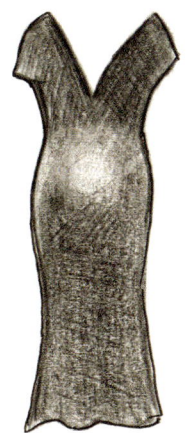

블랙 롱 드레스

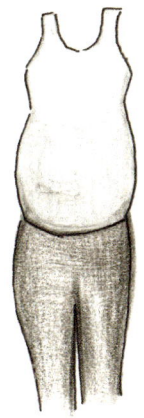

배를 강조하는
임신복

블랙 스팽글
미니 드레스

배를 보여주는
배꼽티

Style Mom's INTERVIEW

아나운서 신지혜가 추천하는
영화 BEST

아나운서 신지혜 1998년부터 지금까지 CBS 음악FM에서 '신지혜의 영화음악'을 진행하고 있다. DJ, PD와 작가를 모두 맡는 1인 제작 시스템을 담당, 아나듀서라 불리며 많은 청취자들의 사랑을 받고 있다.

신지혜 아나운서와는 '신지혜의 영화음악'(이하 '신영음'에 게스트로 출연한 것이 인연이 되어 지금까지 절친한 선후배로 지내고 있다. '신영음'의 팬으로서, 후배로서 바라본 그녀는 언제나 한결같은 모습이다. 영화와 음악을 사랑하는 아나운서이자, 만화 속 주인공처럼 귀여운 딸을 사랑하는 엄마이며, 무엇보다 자신을 사랑할 줄 아는 멋진 그녀의 이야기를 소개한다. 더불어 그녀가 추천하는 영화까지.

13년째 한길만 걷다

모든 것이 빠르게 변화하는 세상에서 1998년 2월 2일 방송을 시작해 13년째 같은 길을 걷고 있다. 처음 '신영음'을 시작할 때만 해도 혼자서 DJ, PD, 작가 등을 전부 책임져야 했다. 그때는 그 사실이 이슈가 되었지만, 정작 본인은 방송을 알리는 불이 켜질 때마다 과연 내 방송을 누가 들을지 두려웠다고. 지금은 작가도 생겼고 든든한 PD도 있다. 물론 '신영음'을 사랑하는 수많은 청취자도 있다!

엄마로서 아이에게 할 수 있는 최선은 열심히 살아가는 모습을 보여주는 것

완벽한 진행으로 '신영음'을 책임져온 그녀, 과연 집에서는 어떤 엄마일까?
"사실 저 하나만 챙기기도 만만치 않아요. 그래서 오히려 아이보다 제게 더 집중합니다. 아이에게는 엄마가 열심히 살아가는 모습을 보여주는 게 가장 중요하다고 생각하거든요. 방송국에서 일에만 몰입하는 대신, 집에 오면 모든 걸 잊고 가족과 함께 시간을 보내는 것이 원칙이고요. 공과 사를 철저히 구분하는 편이죠." 그녀는 이러한 자신을 가리켜 이기적이지는 않지만 굉장한 개인주의자라고 말한다. 내가 보기엔 그저 자신의 삶에 최선을 다하는 것으로만 보이는데 말이다.

혹시 인생의 롤모델이 있는지 넌지시 물어보니, 그 정도까지는 아니더라도 저렇게 나이 들었으면 좋겠다 싶은 사람은 있단다. 그녀가 닮고 싶은 여자는 메릴 스트립. 나이 든 후에도 아름답고 당당한 배우로 살아가는 모습이 보기 좋다는 이유에서다. 신지혜 아나운서는 시간의 흐름을 막을 수는 없겠지만, 백발의 할머니가 되어도 여성성을 잃고 싶지 않다고 힘주어 말한다. 그러기 위해서 그녀가 강조하는 것은 '자존감'이다.
"자존감은 저의 존재가치이자 저를 사랑하는 마음입니다. 저도 언젠가는 방송을 그만두고 집에서 라디오를 듣는 날이 오겠죠? (웃음) 그렇다 해도 제 인생과 저라는 존재를 지탱해주는 자존감은 늘 잃지 않고 싶어요. 나이가 들수록 더욱더요."

평생 동안 자신과 자신의 삶을 아끼고 사랑하고 싶다는 신지혜 아나운서를 보며 진정한 스타일리시함이 무엇인지 실감할 수 있었다. 그와 더불어 앞으로 어떻게 살아가야 할지도.

신지혜 아나운서가 스타일 맘을 위해 추천하는 영화 BEST

- ♦ **스모크** : 주인공 오기와 등장인물들의 각기 다른 삶이 하나둘씩 모여 인생이라는 커다란 그림을 완성해가는 과정을 그렸다. 누가 봐도 마음이 따뜻해질 영화.
- ♦ **바그다드 카페** : 가장 진하고 뜨겁고 든든한 두 여자의 우정 이야기. 영화 주제가인 'Calling you'의 애절한 분위기와 달리 희망을 그린 영화다.
- ♦ **타인의 취향** : 주제가, 영화의 완성도, 내용 모두 마음에 든다. 사랑과 연애, 만남과 헤어짐을 다룬 영화로, 밝은 내용은 아니지만 생각할 수 있는 기회를 주는 영화라서 추천한다.
- ♦ **아이 엠 샘** : 따뜻한 가족애를 밀도 있게 그려낸 영화로 배우들의 연기와 음악 모두 훌륭했다. 주인공인 숀 펜의 연기는 두말할 것도 없다. 비틀즈의 명곡을 내로라하는 뮤지션들이 새로운 느낌으로 연주하고 있다.
- ♦ **러브 액츄얼리** : 아름다운 사랑과 아름다운 음악이 조화를 이루는 로맨틱 영화의 수작. 영화는 말해준다. 'Love is all around'라고.
- ♦ **귀를 기울이면** : 지브리의 대표작 중 하나로 자신의 꿈을 이루려 노력하는 소년과 소녀의 이야기. 건강하고 밝은 에너지가 느껴지는 작품으로 남편과 함께 보아도 좋을 만한 영화.
- ♦ **하울의 움직이는 성** : 미야자키 하야오 감독이 아릿한 첫사랑의 심정을 잘 살린 영화로 어른들이 볼 만한 애니메이션. 주인공의 더빙을 맡은 기무라 타쿠야의 목소리와 90세 노파의 캐릭터가 눈에 띈다.

초보맘을
행복하게 하는 것들

아이를 낳기 전에는 극장에서 보는 영화 한 편이, 친구들과 만나서 떠는 수다가, 남편과 마시는 맥주 한 잔이 얼마나 대단한 행복인지를 실감하지 못했다.

'아이'라는 세상 최고의 축복을 얻긴 했지만 엄마 노릇은 결코 만만치 않다. 전업맘은 전업맘대로 화장실도 제대로 못 가는 상황이 답답하기만 하고, 워킹맘은 워킹맘대로 육아와 일 사이에서 지쳐만 간다.

게다가 인생에서 가장 큰 육체적 고통을 겪고 나면 여자는 한층 예민해진다. 괜히 별것 아닌 일에도 서운해지고 원인 모를 자괴감이 밀려오기도 한다.

그럴 때일수록 모든 것을 떨쳐버리고 잠시나마 머리를 식혀보자. 상황이 여의치 않다는 핑계를 대면 한도 끝도 없다.

먼저 종이 위에 지금 하고 싶은 것을 적어보자. 그리고 당장 할 수 있는 것부터 시작하자!

연애 시절로 돌아가기

한 남자와 한 여자가 만난다. 여자에게 첫눈에 반한 남자는 어렵게 용기를 내어 데이트를 신청한다. 그렇게 둘은 사랑에 빠진다. 여자를 집에 보내고 싶지 않은 남자, 그를 보며 헤어지기 아쉬운 여자는 마음 놓고 만나기 위해 '결혼'이라는 사랑의 결실을 맺는다.

그런데 매일 만나고 싶어 결혼한 사람들인데, 정작 연애할 시간은 줄어만 간다. 그에 따라 로맨틱한 감정도 점점 줄어만 간다. 더구나 아이를 낳은 후 데이트라니, 마치 남의 일처럼 느껴진다.

하지만 부부가 되어도, 아이의 엄마 아빠가 되어도 둘만의 데이트는 계속되어야 한다. 부부생활에서 최소 투자로 최대 효과를 볼 수 있는 비결은 다름 아닌 '로맨틱한 데이트'!

먼저 어떤 역경에도(?) 굴하지 않겠다는 정신으로 친정이든 시댁이든 어디든 아이를 반나절이라도 맡겨두자. 데이트 장소는 꼭 거창한 곳이 아니어도 좋다. 누구와 함께 다니느냐가 문제지, 어디를 가느냐가 중요한 건 아니니까.

신당동에서 떡볶이를 먹은 다음, 소프트 아이스크림으로 매운 혀를 달래도 좋다. 고즈넉한 분위기를 자랑하는 삼청동 눈나무집의 떡갈비와 김치말이 국수는 어떨까. 신사동 가로수길이나 홍대 뒷골목처럼 트렌디한 거리는 걷기만 해도 활력이 느껴질 것이다.

엄마는 반나절의 데이트만으로 한 달을 버틸 수 있는 에너지를 얻는다. 적어도 한 달에 한 번은 둘만의 시간을 가져보자. 아이는 분명 둘도 없는 존재지만, 모든 자유를 포기하고 아이만 바라보는 것은 절대 금물이다.

엄마와 아빠가 서로 사랑하며 아끼는 모습, 평생 연인으로 살아가려고 노력하는 모습은 아이에게도 풍요로운 마음을 선사할 것이다. 남편이 있어야 아이도 있고, 아내가 편안해야 아이도 편안하다. 마음이 즐거워지는 비법은 먼 곳에 있지 않다.

그래도 상황이 여의치 않다면 아이를 재운 후 집에서 오붓한 시간을 즐겨
보자. 집에서 로맨틱한 데이트를 즐기기 위해서는 아이를 성공적으로(?)
재우는 것이 중요하다. 아이를 원하는 시간에 재우려면 어떻게 해야 할까.
예를 들어 9시부터 아이가 자길 원한다면, 4시부터 9시까지는 잘 먹이고,
부지런히 놀아주고, 책도 열심히 읽어주어야 한다. 아이가 피곤해서 일찍
꿈나라로 떠나도록 만들어주자는 얘기.
아주 어린 아이일 경우에는 마음대로 시간을 맞추기 어렵겠지만, 평소 아
이에게 일찍 자는 습관을 길러준다면 어느 순간부터는 한밤중의 '자유'를
즐길 수 있을 것이다.
자, 이제 둘만의 데이트를 시작해보자.
술을 좋아하는 부부라면 시원한 맥주에 안주도 좋을 것이고, 분위기를 좋
아하는 부부라면 와인이나 커피를 마셔도 좋다.
침실을 세상에서 가장 소박한 영화관으로 만드는 건 어떨까. 재워놓은 아
이가 깰까 봐 나란히 붙어 앉아 소곤거리던 순간을 그리워할 때가 분명 올
것이다. 세상 누구보다 끈끈한 동지애로 똘똘 뭉친 그 순간을.

짧은 휴식 선사하기

출산 후, 얼마간은 수유하다 보면 하루가 훌쩍 간다. 아이와 함께 하루 종
일 먹고 자고 싸고를 되풀이하다 보면 하루가 그냥 가버리는 것. 이런 시

간이 한두 달 지속되면 심지어 '바보'가 된 기분이 들기도 한다. 반복되는 일상에 지쳐가는 엄마에게 가장 필요한 것은 바로 기분 전환과 체력보강! 엄마의 짧은 휴식은 아이들과 남편에게도 손해 볼 것 없는 장사다. 잠깐 엄마를, 아내를 놓아준 보답으로 훨씬 더 행복해진 그녀를 볼 수 있을 테니. 그러므로 눈치 보지 말고, 잠시라도 좋으니 정기적인 휴식을 선사하자!

나를 위한 짧은 휴식

♦ 아주 잠깐이라도 집 근처를 산책하고 온다.

♦ 아파트라면 계단을 오르내리거나 옥상에 가서 노래라도 부르자.

♦ 벤치에서 책을 읽으며 마음을 가다듬자.

♦ 2시간 정도 마사지를 받는다. 몸의 피로를 풀어야 마음의 피로도 풀린다.

♦ 여름이라면 큰맘 먹고 네일케어나 페디큐어를 받아보자. 고생하는 손발에 날개를 달아준다는 생각으로!

♦ 근처 서점에 가서 마음껏 책을 읽고 온다. 육아 잡지는 마음가짐을 새롭게 하는 효과가 있다.

♦ 반나절이라도 좋으니 보고 싶었던 친구를 만나, 맛있는 음식과 수다로 스트레스를 날려버리자.

♦ 눈 딱 감고, 큰 팝콘과 콜라를 들고 영화 한 편 보고 오자.

'엄마'라는 사실에 감사하기

뭐라 해도 태어나서 누군가의 엄마가 된다는 것은 더할 나위 없는 기쁨이자 행복이다.

하지만 세상에 거저 주어지는 것은 없는 법. 아이는 기쁨과 행복을 선물하는 대신, 엄마에게서 모든 자유를 앗아가는 무시무시한(?) 존재다.

아이는 엄마에게 마음 놓고 샤워할 수 있는 자유도, 차를 마시거나 음악을 듣는 여유도 허락하지 않는다. 아끼는 옷에 우유를 쏟기도 하고 침을 묻히기도 한다. 정리벽이 있는 사람은 더더욱 괴롭다. 기껏 청소를 마치고 돌아서면 집은 언제 그랬냐는 듯 엉망진창으로 어질러져 있다.

어디 그뿐인가. 신생아일 경우에는 잠조차 제대로 잘 수 없다. 머리가 폭탄 맞은 상태여도 미용실에 가는 건 꿈도 꾸지 못할 일. 아이는 이렇듯 엄마의 생활리듬을, 아니 생활을 모조리 바꾸어놓는 존재다.

하지만 내게 세상 최고의 직업이 뭐냐고 묻는다면, 감히 '엄마'라고 말하겠다. 엄마는 선택받은 존재이며 누군가의 전부가 될 수 있는 사람이니까.

나는 삶의 무게가 버거울 때, 여자이자 아내이자 엄마라는 자리에서 균형을 잡지 못할 때, 혼자였을 때가 더 편했다고 느낄 때, 잠시 현실을 잊고 과거의 외로웠던 모습을 떠올려본다.

혼자였던 크리스마스, 바람이 유독 서늘하게 느껴졌던 가을날, 시집 안 가느냐는 친척들의 잔소리를 피해 무인도라도 가고 싶었던 명절….

적어도 지금의 나는 외롭지 않다. 심심하지도 않다. 그리고 내가 어떻게 하느냐에 따라 무한대로 달라질 내 아이가 있다. 그리고 그 아이가 나를 간절히 원한다. 내가 누군가에게 꼭 필요한 사람이라 생각할 때마다 무한한 에너지가 솟는다.

이 책을 읽고 있는 당신 또한 나와 똑같은 시기를 겪을 것이고 비슷한 감정을 느낄 것이다.

그때마다 아이의 천사 같은 얼굴을 떠올리며 내가 엄마라는 사실에 감사하자. 아이를 키우면서 하루에 세 가지씩 감사할 일을 떠올리자. 그러는 사이에 어느덧 당신은 세상에서 가장 행복한 엄마이자 여자가 되어 있을 것이다.

스타일 맘을 위한
취미교실 BEST

◆ 풍월당 아카데미

음악에 관심이 많은 예비맘과 초보맘에게 추천하고 싶은 곳. 음악을 들으며 조용히 차를 마실 수 있는 공간과 수많은 음반을 진열한 공간, 그리고 아카데미 공간으로 나뉘어 있다. 메트로폴리탄 오페라 강좌, 말러 전곡 강좌 등 멋진 강좌가 많다는 점에서 강력 추천!

www.pungwoldang.kr

◆ 올림푸스 사진강좌 아카데미

사진도 외모도 배우면 달라진다는 모토 아래 DSLR 활용법을 무료로 알려준다. 아이를 낳으면 사진 좀 배워둘 걸 그랬다는 후회가 밀려온다. 언제든 바로 써먹을 수 있는 강의이므로 더더욱 실용적!

www.olympus.co.kr/fun/academy

◆ 마지아 앤 코 아카데미

평소 데커레이션에 관심 있는 예비맘과 돌잔치 같은 이벤트를 앞둔 초보맘이라면 이곳에서 한 수 배우기를 추천한다.

http://blog.naver.com/cafemazia

◆ 갤러리 로얄

갤러리와 북카페, 레스토랑과 와인바, 전시장, 강의실 등을 갖춘 복합 문화 공간. 플라워, 커피, 스타일링, 계절 강좌, 친환경 강좌, 미술 강좌 등 다양한 강좌와 전시가 마련되어 한 곳에서 다양한 즐거움을 맛볼 수 있다. 문화에 관심 있고, 움직이기 싫어하는 스타일 맘들에게 강추!

http://art.royaltoto.co.kr

◆ 좋은 자리 화실

태교로 그림을 그리는 분들을 종종 보았기에 예비맘들에게 특별히 추천하고 싶은 곳. 그림이라는 결과물을 내놓으며 한껏 밝아진 모습을 보면, 그림은 마음의 영양제인 것 같다. 비전공자도 누구나 쉽게 배울 수 있고, 십시일반해서 일 년에 한 번씩 전시회를 여는 '좋은 자리 화실'을 추천한다.

www.goodspace00.com

◆ 대학부설 사회교육원

대학 캠퍼스에서 강의를 들으면 마치 학창시절로 돌아간 것 같은 활력이 느껴진다. 향후 직업으로도 연결시킬 수 있다는 점이 매력적이다. 연세대 평생교육원의 영어독서전문인 과정, 논술 강좌, 음악 강좌, 크리에이티브 아트 과정이 유명하다. 한양대 사회교육원의 커피 전문가 과정, 이화여대 평생교육원의 티(Tea) 전문가 과정 등도 눈에 띈다.

♦ 굿오브닝 컵케이크 클래스

뉴욕에서 디자인을 공부한 주인이 '꿈을 굽는 가게'를 모토로 연 가게. 그녀의 컵케이크 속에는 통통 튀는 감성과 열정이 담겨 있다. 6호점까지 있으며 유료 베이킹 클래스를 운영 중이다. 2시간이면 예쁜 컵케이크와 쿠키를 만들 수 있다고.

www.goodovening.com/class

♦ 허형만의 커피 스쿨

커피 강의를 들으며 제대로 된 커피 한 잔을 마셔보면 어떨까. 커피를 정말 좋아하지만 자주 마실 수 없는 예비맘과 초보맘들에게 추천하고 싶은 강좌. 향후 커피 전문점 창업을 염두에 두고 있다면 더더욱 필수!

http://cafe.naver.com/caffegreco.cafe

♦ 한겨레 교육문화센터

번역, 출판, 글쓰기, 사진, 일러스트, 외국어 등 교양과 지식을 쌓을 수 있는 다양한 강좌를 갖춘 문화센터. 일반인을 대상으로 하는 강좌 중에는 스토리텔링, 여행작가, 동화작가 입문 과정 등의 글쓰기 강좌가 충실한 편. 전문작가가 되지 않더라도 자신의 이야기를 풀어내는 과정에서 한 단계 성장하는 과정을 맛볼 수 있다.

www.hanter21.co.kr

♦ 서울시립미술관

서울시립미술관의 시민미술아카데미는 어린이와 청소년, 일반인, 전문인, 외국인 등 모든 계층을 대상으로 미술문화를 나누는 교육을 개최하는 곳. 이번 기회에 그림도 보고 예술학 강의도 들으며 소양을 쌓아보자. 강의가 무료라는 점 또한 발길을 가볍게 만든다. 미술관을 찾기 어려운 사람을 위해 찾아가는 '미술감상교실'을 운영하니 규모가 큰 직장인 동호회라면 한번 시도할 만하다. 역시 무료.

http://seoulmoa.seoul.go.kr

♦ 각종 브랜드에서 주최하는 일일 클래스

시간과 비용을 절약하면서도 새로운 기분을 낼 수 있다는 것이 장점. 밸런타인데이 초콜릿 클래스나 어버이날 플라워 클래스, 커피 강좌, 케이크 강좌, 요리 강좌 등, 부담 없는 강좌들이 눈에 띈다.

스타일 맘,
패션을 말하다 **02**

스타일을 살리기 위한 패션불변의 법칙과 스타일리시한 임신부 패션,
아이와 유대감을 높일 수 있는 커플룩 등을 통해 '엄마의 스타일'이란 무엇인지 알아보자.

**스타일은
여자의
영원한 특권**

자신을 아름답게 꾸미고 표현하는 것이야말로 여자들만의 특권이자 가장 큰 즐거움일 것이다.

그런데 아이를 가짐과 동시에 이렇게 엄청난 특권을 잃게 된다면 '여자의 인생'이 너무 서글프지 않을까?

소중한 생명을 갖고 기뻐하는 것도 잠시, 입덧이라는 관문을 통과하고 나면 왕성한 식욕과 함께 D자형 몸매로 변해간다. 어디 그뿐인가. 아이를 낳은 후에는 아무래도 예전과 같은 스타일을 유지하기가 만만치 않다. 10대는 마음껏 멋 내기 힘든 시기라 치고 20대 후반에서 30대 초중반 사이에 아이를 낳는다고 가정했을 때, 여자로서 스타일을 뽐낼 수 있는 시간은 고작 10년에서 15년 정도인 셈이다.

하지만 당신이 여자라면 잊지 말아야 할 사실이 있다. 여자는 한 줌의 재로 변하는 마지막 순간까지 스타일리시해야 한다는 것! **특히 '임신부터 출산 후 3년'을 어떻게 보내느냐에 따라 여자의 평생 스타일이 결판난다.** 이때 관심을 놓아버리면 스타일을 되찾는 데 정말 많은 노력과 시간을 들여야 한다.

그렇다면 'OO 엄마'나 '아줌마'가 아닌, 당당하고 스타일리시한 여자로 남기 위해서는 어떻게 해야 할까?

아이 엄마가 되고 30대 중반을 넘어서면 그저 예쁜 얼굴보다는 분위기, 즉 나만의 스타일을 갖출 필요가 있다. 20대가 이것저것 해보는 실험적인 시간이었다면, 30대는 자신에게 가장 잘 어울리는 스타일이 무엇인지를 깨닫는 시간일 것이다.

따라서 스타일에도 치밀한 전략이 필요하다. 무작정 10대나 20대 초반에서 유행하는 옷차림을 했다가는 스타일리시하다는 말은커녕 손가락질을 받을지도 모른다. 나이가 들수록 지나치게 트렌디하고 저렴해 보이는 옷은 피하는 것이 좋다. 한 단계 업그레이드된 '스타일'을 원한다면, 상황과 환경을 고려한 다음 개인의 취향을 자연스럽게 표현할 수 있어야 한다.

지금부터 스타일을 살리기 위한 패션불변의 법칙과 스타일리시한 임신부 패션, 아이와 유대감을 높일 수 있는 커플룩 등을 통해 '엄마의 스타일'이란 무엇인지 알아보자.

스타일 맘
패션불변의 법칙

프랑스 여자와 영국 여자가 있었다. 교환학생을 통해 친구가 된 이들은 방학 때 서로의 집에 놀러가게 되었다. 먼저 프랑스 친구 집을 방문한 영국 친구는 방에 들어서는 순간 생각보다 작은 옷장을 보고 깜짝 놀랐다. 멋쟁이로 소문난 프랑스 친구였기에 옷장이 그렇게 작으리라고는 미처 생각지 못했던 것이다.

그런데 친구에게 허락을 구하고 열어본 옷장 안은 더더욱 놀라웠다. 작은 옷장이었지만 계절 별로 갖춰놓은 블랙 재킷, 화이트 셔츠, 감이 좋은 블랙 코트, 엉덩이 라인이 독특한 청바지, 블랙 미니 드레스, 캐시미어 니트, 브라운 컬러의 멋스러운 가죽 재킷, 시크한 디자인의 트렌치 코트, 할머니에게 물려받은 듯 세월이 느껴지는 빈티지 느낌의 카디건 등, 하나같이 꼭 있어야 할 기본 아이템들로 가득 찬 별천지 아닌가!

영국 친구는 순간 자신의 옷장을 떠올렸다. 크기도 더 크고 옷의 종류도 많았지만, 정작 고급스러운 옷보다는 저렴하고 유행을 타는 아이템들로 가득한 옷장을.

그러나 그녀에게도 비장의 무기는 있었다. 바로 '액세서리 장'이었다. 세상에 하나밖에 없을 것 같은 독특한 빈티지 액세서리들은 프랑스 친구의 마음을 흔들어놓기에 충분했다.

만일 프랑스 여자의 옷장과 영국 여자의 액세서리가 조합을 이룬다면 어떨까. 아마 모든 여자들이 외출을 준비할 때마다 옷장을 뒤지며 스트레스를 받지 않고 다양한 스타일을 시도하는 즐거움을 만끽할 수 있으리라.

스타일 맘의 기본은 이것, 합리적인 비용으로 스타일을 살리고 싶다면 유행을 타지 않는 기본 아이템부터 갖추자. 기본적인 스타일링을 완성한 다음 자신의 이미지와 잘 어울리는 액세서리로 포인트를 주면 절반은 성공한 셈이다.

자, 지금부터 당신의 패션을 보다 스타일리시하게 만들어줄 몇 가지 팁을 소개하려 한다.

스타일의 첫걸음은 옷장의 재발견

여자라면 누구나 계절이 바뀔 때마다, 혹은 해가 바뀔 때마다 새 옷이 그득한 '마법 옷장'을 꿈꾸어봤을 것이다.

하지만 현실은 그야말로 냉정하기 짝이 없다. 게다가 주부일수록 주머니 사정을 고려하지 않을 수 없는데, 사실 깔끔한 옷장 정리야말로 센스 있는 스타일을 연출할 수 있는 가장 좋은 방법이다.

물론 말처럼 쉽지만은 않은 일. 이때 자신을 유명 의류 브랜드에 입사하려는 응시자라고 상상해보면 어떨까. 옷장을 정리한 다음 비포 앤 애프터 사진을 찍어 제출하는 것이 시험의 당락을 좌우한다는 가정을 세우고 재미난 스트레스를 즐겨보자.

옷장 정리를 계절이 바뀔 때마다 어쩔 수 없이 해야 하는 일 정도로 생각하면, 당신의 옷장은 10년이 지나도 거기서 거기일 테고 스타일 또한 크게 달라지지 않을 것이다. 그러니 마음 단단히 먹고 수납 도구를 마련한 다음, 휴일을 반납하고 딱 하루 만에 정리를 끝내보자. 막 정리를 끝낸 깔끔한 냉장고 같은 옷장이라니, 생각만 해도 짜릿하지 않은가.

옷장을 정리하고 나면, 평소 자주 입는 아이템과 어울리면서도 포인트가 되는 옷을 사기가 한결 수월해진다. 쇼핑하기 전에 옷장을 둘러보고 나감으로써 효과적인 '의(依)테크'를 할 수 있는 셈이다.

'음, 내가 잘 입는 재킷과 맞춰 입으면 색다른 분위기가 나겠는데', '이 옷은 예쁜데 내 옷엔 비슷한 라인이 없어. 옷 한 벌을 사고 구두까지 사야 한다면 낭비잖아'라는 식으로, 가능한 한 옷장 안에 있는 모든 옷과 조화를 이루는 아이템을 고르도록 노력하자. 그러는 사이에 당신의 옷장은 세련된 스타일링을 돕는, '진정한 마법 옷장'으로 거듭나 있을 것이다.

옷장을 깔끔히 정리해두면 필요한 옷을 쉽게 찾을 수 있기 때문에, 외출 준비가 빨라지는 또 다른 장점도 있다. 엄마가 된 후에는 무엇이든 빠르게 해치우는(?) '퀵 앤 이지'에 목숨 걸어야 한다. 이제는 스타일도 시간과의 싸움임을 잊지 말자.

옷장을 제대로 정리하려면 먼저 수납 도구부터 통일해야 한다. 아무리 깔끔히 정리해도 수납 도구가 중구난방이면 정돈된 느낌을 줄 수 없다. 옷장속 옷걸이를 통일하고 티셔츠 접이 도구만 갖춰도 백화점 매장처럼 깔끔해 보인다.

이때 수납 도구로 활용할 수 있는 비장의 무기가 있으니. 바로 '세탁소 옷걸이'! 세탁소 옷걸이는 무한대로 변형할 수 있는 실속 만점 도구다. 약간만 구부리면 슬립이나 잘 흘러내리는 원피스, 속옷 등을 걸 수 있는 만능 옷걸이로 변신한다.

보관이 까다로운 니트도 세탁소 옷걸이만 있으면 OK! 니트는 접어서 보관하면 꺼내 입을 때 줄이 가 있고, 일반 옷걸이에 걸면 어깨 부분이 툭 튀어나오는, 여러모로 보관하기 까다로운 아이템이다. 그렇다고 니트 전용 옷걸이를 구입하자니 가격이 다소 부담스러운 것이 사실. 이때 세탁소 옷걸이에 부드러운 천을 감싸면 이를 대체할 수 있다. 아이 옷걸이 또한 따로 구입할 필요 없이 세탁소 옷걸이를 아이 옷 사이즈에 맞추면 된다. 갓난아이의 바디슈트부터 어른의 슈트까지, '세탁소 옷걸이'가 있으니 이제 더 이상 걱정하지 마시길.

옷장에 옷을 정리하는 방식으로는, 먼저 계절 별로 옷을 나누어놓고 그 안에서 아이템 별로 정리하는 방식과, 컬러 별로 정리하는 방식이 있다. 공간이 넉넉하다면 아이템 별로, 공간이 협소하다면 컬러 별로 정리해야 옷을 꺼내 입기 편리하다.

무조건 모든 옷을 행거에 걸어둘 필요는 없다. 공간이 부족할 경우 계절 별로 옷을 구분해 제철이 아닌 옷은 페이퍼 박스에 담아두면 편하다. 특히 아이 옷을 페이퍼 박스에 담아 계절 별로 구분해두면 부피를 차지하지 않아 좋다.

스타일 맘의
옷장 정리

스키복처럼 부피가 큰 옷은 캐리어 안에 넣어 이중으로 수납해야 자리를 덜 차지한다. 가끔 쓰는 여행가방은 훌륭한 보관함이 될 수 있다.

시계는 함부로 보관하면 흠이 가기 쉬우므로 걸어서 보관하자. 쓰지 않는 액자를 골라 유리를 떼어내고 압정을 꽂은 후 걸기만 하면 된다.

머리핀이나 브로치 등의 액세서리는 칸칸이 나누어진 비닐 포켓에 보관하자. 이때 비닐이 투명해야 나중에 찾기 편하다.

아끼는 스타킹이나 레깅스는 별도의 수납함을 만들거나 따로 보관하는 것이 좋다. 이때 벨벳 재질로 된 바지걸이를 활용하면 흘러내리지 않고 찾기도 편하다.

늘어날 수 있는 티셔츠는 세로로 된 그물 수납망을 이용해보자.
구겨지지도 않고 자리도 적게 차지해 보관하기 쉽다.

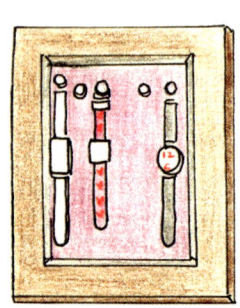

최근 옷장 대신 드레스 룸 내지는 붙박이장이 설치되어 있는 집들이 많은데, 그렇지 않을 경우 자신의 필요에 맞는, 기성가구보다 저렴한 수납장을 짜면 옷장을 보다 효율적으로 이용할 수 있다.

을지로 가구 거리에 가면 원하는 도면대로 칸도 만들어주고 필요에 따라 문과 열쇠도 달아주는 등, 나만의 옷장을 제작할 수 있다. 내가 갖고 있는 옷을 파악한 다음 그에 맞는 옷장을 설계하는 것이다.

나는 개인적으로 속이 깊은 책장 모양의 옷장을 추천한다. 이러한 옷장은 옷을 아이템 별로 분류하거나 가방, 모자 등의 소품을 보관하는 데 효과적이다. 티셔츠나 니트를 매장에 진열된 것처럼 반듯하게 접어 선반 위에 쌓거나 돌돌 말아놓으면 찾기도 편하고 보기에도 예쁘다. 속이 깊기 때문에 5단짜리 서류 보관함을 넣어두고 액세서리까지 한눈에 들어오게 정리할 수 있다.

기본 아이템만 있어도 '기본'은 한다

친한 친구 같은 블랙 재킷

재킷이야말로 가장 손쉽게 스타일을 살릴 수 있는, 완소 아이템이다.

특히 블랙 재킷은 잘만 고르면 신체적 단점을 커버하고 장점을 드러내기 좋으므로, 한 벌쯤은 꼭 마련해두자. 이왕 구입할 거라면 10년 정도는 입을 수 있도록, 과장된 디자인보다는 트렌드를 넘어선 클래식 스

basic item
블랙 재킷

타일을 추천하고 싶다.

재킷의 가장 큰 장점은 다양한 스타일링이 가능하다는 것. 재킷은 꼭 셔츠와 함께 입어야 한다는 고정관념을 버리면 좀 더 다양하고 재미있는 스타일을 연출할 수 있다. 재킷에 티셔츠를 입으면 가벼운 정장이 되고, 재킷과 니트를 매치하면 세련된 룩이, 재킷에 원피스를 입으면 보헤미안 룩이 완성된다. 소소한 액세서리로 포인트를 주어 좀 더 유니크한 블랙 재킷 룩을 뽐낼 수도 있다.

임신부 시절부터 계속 입으려면, 딱 맞는 디자인보다는 약간 넉넉하고 중성적인 느낌의 블랙 재킷을 고르는 것이 좋다. 몸의 군살도 가려줄 뿐 아니라 어떤 옷과 매치해도 무난하게 소화할 수 있기 때문. 특히 직장에서 일하는 임신부에게 보이시한 라인의 블랙 재킷은 필수다.

축복받은 아이템, 원피스

원피스는 가장 기본적인 아이템이면서도 다양한 느낌의 팔색조와 같은 매력을 지닌 옷이다. 어떤 원피스를 택하느냐에 따라 아방가르드, 모던, 심플, 클래식, 레이디라이크, 펑키 등 전혀 다른 분위기로 변신할 수 있다.

원피스는 여성성을 유지하면서 체형의 변화가 크게 드러나지 않는다는 점에서 여자에게는 보물과 같은 아이템이다. 상의와 하의를 따로 신경 쓸 필요가 없는 것도 빼놓을 수 없는 장점이다. 원피스에 카디건을 걸치면 외출복으로도 손색이 없으니 스타일과 실용성 면에서 단연 '강추' 아이템!

스타일 맘을 위한
원피스 예쁘게 입는 법

블랙 미니 드레스는 청바지처럼 가장 트렌디하면서도 기본적인 아이템이다. 여름용으로 블랙 미니 저지 드레스를 한 벌, 다른 계절용으로 무릎보다 살짝 올라오는 길이의 블랙 드레스를 마련해라. 남편과의 데이트부터 연말 동창회까지, 어떤 모임에서든 최선의 패션 해결책이 되어줄 것이다.

따뜻한 계절에는 튜브 드레스를 적극 활용하자. 단, 튜브 드레스라고 해서 여름에만 입을 수 있다고 생각했다면 오산이다. 봄에는 튜브 드레스와 가죽 재킷을 매치해도 좋다. 튜브 드레스에 카디건을 걸치면 여성스럽고 우아한 분위기로 변신한다. 튜브 드레스를 고를 때는 가슴 부분이 흘러내리지 않는지 꼭 체크할 것!

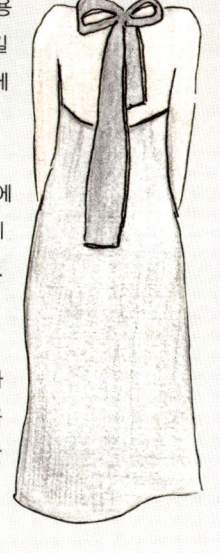

면 소재 원피스는 입었을 때 어려 보이고 착용감이 좋아서 자주 찾는 아이템. 소매나 네크라인 등 디테일한 부분까지 꼼꼼히 살펴보고 골라야 후회하지 않는다. 또한 세탁 후 밑단이 말려올라갈 수 있으므로 관리가 중요하다.

셔츠형 원피스는 의외로 소화하기 어려운 아이템. 너무 헐렁하거나 길면 맵시가 나지 않으므로 무릎과 허벅지 사이에 오는 것을 입길 권한다. 무릎보다 짧다면 반드시 레깅스를 갖춰 입자.

겨울에 주로 입는 **폴라형 니트 원피스**는 반팔이 좋다. 목을 덮는 것만으로 보온 효과가 충분한 데다 폴라형인데 팔까지 덮으면 자칫 곰처럼 둔해 보인다. 둘 중 하나는 드러내는 것이 스타일의 포인트.

원피스 길이는 무릎 위로 살짝 올라오는 미니 원피스나 아예 복사뼈를 덮을락말락하는 롱 원피스를 추천한다. 어중간한 길이는 촌스러워 보이며, 무릎을 덮는 길이는 클래식한 장점이 있지만 나이 들어 보인다.

스타일링의 지존, 믹스 앤 매치

믹스 앤 매치는 어울리지 않을 것 같은 아이템끼리 매치해 독특하고 세련된 스타일을 연출하는 코디법으로 기본 스타일링 중에서 제법 고급에 해당하는 단계다.

로맨틱한 옷과 중성적 혹은 남성적 느낌의 옷을 매치하면 시크한 분위기를 낼 수 있다. 하늘거리는 원피스에 가죽 재킷을 걸치거나, 매니시한 정장에 핑크색 티셔츠를 받쳐 입거나, 단정한 슈트에 캔버스화를 신어보면 어떨까. 좀 더 과감한 스타일을 원한다면 남편의 옷장을 뒤져보자. 남편의 오버 사이즈 재킷에 타이트한 하의를 매칭하는 식으로 색다른 스타일링에 성공할 수 있을 것이다.

믹스 앤 매치는 스타일뿐 아니라 가격 면에서도 매우 '착한' 전략이다. 내가 아는 아이 엄마 중 친정어머니로부터 샤넬 백을 물려받은 이가 있다. 그녀는 동대문 시장에서 구입한 샤넬 티셔츠에 샤넬 백을 들고 모임에 나갔다가 티셔츠까지 샤넬을 입느냐는 친구들의 부러움 섞인 원성에 시달려야(?) 했다. 이처럼 비싼 아이템과 저렴한 아이템을 적절히 섞기만 해도 전체적으로 고급스러운 스타일을 연출할 수 있다.

어떤 경우라도 머리부터 발끝까지 명품으로 치장하거나 지나치게 저렴한 아이템에만 집중하는 일은 피하도록 하자. 뭐든 적당한 것이 좋다. 싼 옷이라고 해서 다 저렴해 보이는 것은 아니다. '저렴함'의 관건은 재질과 바느질 상태. 소재와 바느질을 꼼꼼히 따지지 않고 디자인만 보고 덥석 구입했다가는 한철밖에 입지 못한다. 당장은 돈을 아낀 것 같아도 오래 입을 수 없기 때문에 궁극적으로는 손해를 보는 셈이다.

같은 음식도 어떠한 재료와 조미료를 쓰느냐에 따라 맛이 달라지듯이, 자기만의 스타일을 찾기 위해서는 이것도 해보고 저것도 해보는 다양한 시도와 실험정신이 필요하다. 두려워서 시도조차 해보지 않는다면 죽을 때까지 자신에게 어울리는 옷이 무엇인지 모를 수 있다. 연애하는 기분으로 자신의 변신을 짜릿하게 즐기자. 어느 순간 "아이 낳더니 더 예뻐졌어!"라는 말을 듣게 될 것이다.

액세서리만으로도 얼마든지 스타일리시할 수 있다

영원한 스타일 아이콘인 재클린 케네디 하면 가장 먼저 떠오르는 것은? 바로 넓은 미간을 커버해주는 큼직한 선글라스와 두건으로 두른 실크 스카프다. 《스타일북》의 저자인 스타일리스트 서은영은 어머니의 각별한 진주 사랑을 이어받아 '진주 목걸이'를 자신의 시그너처 아이템으로 만들었다고 한다.

이처럼 액세서리 하나만으로도 자신의 대표적인 이미지를 표현할 수 있다. 옷을 기준으로 스타일링을 하면 밋밋해 보이기 쉬운데, 이럴 때 '액세서리'가 해답이 될 수 있다.

똑같은 화이트 티셔츠도 어떤 목걸이를 하느냐에 따라 캐주얼한 느낌이 되기도 하고 여성스러운 분위기가 되기도 하니, 옷장 안에 굴러다니는 소품들을 꺼내 스타일에 변화와 활력을 불어넣어보자.

스타일의 마술사, 스카프

스카프는 시간과 스타일, 실용성을 모두 고려해야 하는 스타일 맘들을 위한 최고의 해결사! 심플한 재킷이나 원피스에 스카프 하나만 둘러줘도 손쉽게 세련된 스타일을 연출할 수 있다.

fashion TIP

스타일 맘의 다양한 스카프 활용법

♦ 머리에 둘러 '두건'으로 활용한다. 어린 아이를 키우는 엄마들의 경우 머리카락이 흘러내리지 않아 위생적이며, 아이와 함께 두건으로 귀여운 커플룩을 뽐낼 수도 있다.

♦ 스카프를 접어 머리에 두르면 나만의 스타일리시한 헤어 밴드가 탄생! 여성스러운 분위기를 연출할 수 있다.

♦ 목에 쁘띠 스카프를 둘러주면 귀엽고 어린 인상을 준다. 캐주얼뿐 아니라 정장에도 잘 어울린다.

♦ 스카프는 가방과 매치해도 스타일리시하다. 가방 손잡이에 스카프를 살짝 무심한 듯 묶어주면 색다른 연출이 된다. 물론 가방과 조화를 이루는 컬러라면 더 멋진 코디가 될 것이다.

♦ 2장의 스카프를 옷으로 활용해보자. 목에서 한 번, 허리에서 한 번 매듭을 지어 묶어주면 센스 만점의 베스트 탄생!

스타일의 포인트, 모자

모자는 손쉽게 스타일을 업그레이드해주는 도구로, 자외선 차단 효과와 간편한 헤어 관리라는 실용적인 면에서도 외면할 수 없는 아이템이다.

하지만 편하다는 이유로 무작정 모자를 썼다가는 촌스러워 보이거나 성의 없어 보일 수 있으니 모자를 고르고 코디하는 데 신중해야 한다.

모자는 그 자체만으로도 충분히 눈에 띄기 때문에 전체적인 스타일과의 조화가 중요하다. 즉 단정한 스타일에 포인트를 준다는 생각으로 화장도 평소보다 연하게 하고, 다른 액세서리를 할 경우 복잡한 디자인은 피하는 것이 좋다.

의상과 비슷한 계열의 컬러가 가장 무난하며 정장에는 챙이 넓은 모자, 캐주얼 차림에는 스포티한 야구 모자나 챙이 좁은 모자가 어울린다. 블랙 계열의 모자는 어느 옷에나 잘 어울리므로 하나쯤 장만해두자.

당신의 코디를 완벽하게 해줄 몇 가지 모자를 소개한다.

페도라 마이클 잭슨이 써서 유명해진 모사보 '중절모'라는 이름이 더 친숙하다. 챙의 길이, 컬러, 소재 등에 따라 느낌이 천차만별인 것이 특징. 블랙 페도라는 시크한 옷차림에, 밝은 컬러의 페도라는 캐주얼한 느낌의 옷에 어울린다. 밀짚 소재에 검은 리본을 두른 페도라는 여름 휴양지의 필수 아이템. 페도라를 스타일리시하게 연출하는 가장 좋은 방법은 모든 액세서리를 블랙으로 통일하는 것이다.

페도라

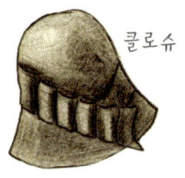
클로슈

베레

비니

클로슈 클로슈는 종(鐘)을 뜻하는 프랑스어로 깊은 몸체와 아래를 향한 챙이 마치 종 모양 같아서 붙여진 이름. 우아한 의상과 유독 잘 어울린다. 70~80년대 서구에서 크게 유행했으며 영화 여주인공들이 종종 쓰고 나오는 모자. 여성스러운 스타일인 데다 유행을 타지 않아 각종 모임에 적절하게 활용 가능한 것이 장점이다.

베레 챙이 없는 둥근 모자로 일명 '빵모자'로도 불린다. 원색인 경우 유치원생처럼 보일 수 있기 때문에 은은한 컬러가 좋다. 주름을 자연스럽게 잡아 살짝 늘어지게 쓰는 니트 베레는 귀엽고 여성스러운 스타일을 연출하기 쉽다.

비니 머리에 딱 붙는 둥근 모자로 머리 손질과 관계없이 쓸 수 있는 것이 장점. 비니에 커다란 선글라스 하나면 순식간에 스타일리시하게 변신한다. 타이트한 모자이기 때문에 얼굴이 작은 사람에게 어울리지만, 역으로 볼륨 있는 비니를 쓰면 얼굴이 작아 보이는 효과도 있다.

스타일의 지원군, 워머 삼총사

아무래도 겨울에는 옷값이 비싼 것이 사실. 쇼핑을
하려 해도 들어가는 돈이 만만치 않아 망설이게 된다.
그럴 때일수록 소품만 잘 활용해도 작은 투자로 겨울
멋쟁이가 될 수 있다. 더 이상 머플러로 꽁꽁 싸매
지만 말고 패션과 보온을 동시에 해결할 수 있는
색다른 소품에 주목해보자.

색다른 소품의 주인공은 다름 아닌 워머. 추위뿐 아
니라 멋스러운 레이어드 룩을 연출할 수 있는 워머로는
어떤 것이 있을까.

넥 워머는 스누드라 불리기도 하며, 머플러와 터틀넥의 중
간 형태로 둥근 고리 모양을 하고 있다. 목에만 걸칠 수도 있고 머리에도
쓸 수 있는 멀티 아이템. 울, 캐시미어, 퍼, 앙고라 등 소재가 다양하다.
암 워머는 겨울철 반팔 원피스나 티셔츠에 매치해 보온성과 스타일을 동
시에 해결하는 아이템. 손을 편하게 움직일 수 있도록 손등까지 덮는 형태
가 많으며 밝은 원색의 암 워머는 기분까지 상쾌해진다.
레그 워머 또한 발목부터 종아리까지 감싸주는 보온 역할 외에도 자연스
러운 스타일을 내는 데 효과적이다. 빈티지한 원피스나 면 소재 원피스에
레그 워머를 두른 후, 같은 컬러의 플랫 슈즈나 스니커즈 등을 매치하면
한층 스타일리시해 보인다.

골라 신는 재미, 스타킹과 레깅스

블랙 스타킹만 신는 시대는 안녕. 스타킹도 이제는 자신의 개성을 표현할 수 있는 최고 아이템 중 하나다. 아이 엄마라고 해서 살색이나 블랙 스타킹만 신으라는 법은 없다. 과하지 않으면서 세련된, 다양한 패턴의 스타킹과 레깅스에 도전해보자.

개인적으로 추천하고 싶은 브랜드는 모어(MORE) 스타킹. 다양한 컬러와 디자인은 물론 신축성이 뛰어나 어느 것보다 착용감이 좋다. 육아 초기에는 스타킹보다 레깅스가 활동하기 편한데, 자칫 편안함에 너무 익숙해질 수 있으니 가끔 몸에 긴장감을 줄 겸 평소에는 레깅스를, 모임에는 스타킹을 신는 것도 좋은 방법.

한편 정성껏 고른 스타킹을 손으로 빠는 것은 스타일 맘의 기본! 레깅스 또한 몇 번만 신어도 금방 늘어나거나 보풀이 쉽게 일어나기 때문에 무엇보다 세탁에 신경 써야 한다.

이제는 필수 아이템, 선글라스

선글라스는 모자와 마찬가지로 자외선을 차단해주기 때문에 피부 보호와 기미 방지에 효과적이다. 특히 임신 기간에는 기미가 생기기 쉬우므로 선글라스를 의식적으로 착용하는 것이 좋다.

basic item
선글라스

하지만 정작 선글라스를 써야 하는 이유는 따로 있다. 푹 눌러쓴 모자에 커다란 선글라스는 더 이상 연예인만의 전유물이 아니다. 당신의 민망한 쌩얼과 밋밋한 스타일을 구원할 수 있는 것이 바로 선글라스라고 생각하면 된다. 심지어 헤어 밴드로도 활용할 수 있으니 일석삼조의 아이템인 셈.

스타일의 분위기 메이커, 벨트

어떤 소품이든 마찬가지겠지만 '벨트'야말로 스타일에 약이 되기도 하고 독이 되기도 하는 아이템. 어떻게 코디하느냐에 따라 전혀 다른 스타일을 연출할 수 있다.

가장 쉬운 방법은 겉옷 위에 벨트를 걸치는 것. 여성스러운 느낌을 원한다면 카디건이나 딱 맞는 재킷 위에 가느다란 벨트를 매보자. 원피스나 롱 티셔츠 위에 빅 벨트를 걸치면 세련된 룩이 완성된다. 이때 의상과 벨트를 비슷한 컬러로 맞추면 한층 더 시크한 느낌을 낼 수 있다.

벨트 소재 또한 무시할 수 없는 스타일링 중 하나. 캐주얼에는 가죽 벨트를, 정장 팬츠에는 블랙 스키니 벨드를 내는 것은 그야말로 기본 중의 기본이다. 체인 벨트의 경우 블랙 정장 스커트에 매치하면 깔끔한 포인트가 되지만, 자칫하면 강하게 보일 수 있으므로 신중하게 착용해야 한다.

베스트 컬러를 찾자!
패션의 법칙, 컬러테라피

컬러를 잘 쓰면 주위 사람까지 행복해진다. 초보맘들이 입는 옷은 자기표현인 동시에 아이의 세상이다. 무채색과 화사한 컬러를 적절히 매치하면 기분도 좋아질뿐더러 아이에게도 도움이 된다. 늘 화려한 옷을 입으라는 것은 아니다. 무채색을 기본으로 하되 자기에게 잘 어울리는 컬러가 무엇인지 알고 입자는 얘기다.

아무리 멋진 옷을 입어도 자신과 어울리지 않는 컬러의 옷을 입으면 어딘지 모르게 어색하기 마련. 컬러는 그만큼 패션을 좌우하는 중요한 요소이며, 어떤 컬러의 옷을 입느냐에 따라 성격이나 생활까지 달라질 수 있다. 컬러는 스스로 느끼는 것 외에 다른 사람들이 자신을 바라보는 시각에도 영향을 미친다. 자신과 가족의 패션을 책임질 스타일 맘을 위해, 빼놓을 수 없는 패션의 법칙 '컬러테라피'를 소개한다.

자, 과연 나에게 어울리는 컬러는 무엇일까? 봄, 여름, 가을, 겨울처럼, 컬러에도 사계절 컬러 코드가 존재한다. 다음과 같이 간단한 진단법을 살펴보자.

첫째, 자신에게 차가운 컬러가 어울리는지 따뜻한 컬러가 어울리는지부터 알아야 한다. 오렌지 컬러(브라운)나 핑크 컬러를 얼굴에 대어보자. 어떤 컬러를 가까이했을 때 피부가 좋아 보이는지, 이목구비가 또렷해 보이는지, 얼굴이 더 작아 보이는지를 관찰하자. 혼자 구분하기 힘들면 주위 사람들의 도움을 받아도 좋다. 핑크가 더 잘 어울리면 차가운 컬러가 어울리는 타입이고, 오렌지나 브라운이 잘 어울리면 따뜻한 컬러가 어울리는 사람이다.

둘째, 다시 한 번 실험을 해보자. 따뜻한 컬러가 잘 어울린다면 옐로우나 브라운(또는 그린이나 카키)을 대고 비교해보자. 옐로우가 잘 어울리면 'S-code(봄 코드)'에 해당하는 사람이고 브라운이 잘 어울리면 'F-code(가을 코드)'에 해당하는 사람이다. 차가운 컬러가 잘 어울린다면 밝은 파스텔 블루와 선명한 블루 가운데 어느 쪽이 더 어울리는지 살펴보자. 파스텔 블루가 어울리면 'SM-code(여름 코드)'에, 선명한 블루가 어울리면 'W-code(겨울 코드)'에 해당한다.

결과에 따른 특징을 간략하게 그림으로 설명해보면 다음과 같다. 자신에게 어울리는 분위기의 컬러만 매치해도 지금보다 한층 더 매력적인 스타일로 변신할 수 있을 것이다!

S-code (봄 코드)

생기 있고 어려 보인다. 밝은 브라운이나 베이지를 기본 컬러로 하되 선명하고 맑은 컬러를 매치하면 좋다. 밝고 친근감이 느껴지는 이미지를 지닌 사람에게 어울린다.

SM-code (여름 코드)

우아하고 품위 있어 보인다. 파스텔 컬러와 그레이 컬러로 깨끗한 이미지를 연출하면 좋다. 부드럽고 단아한 이미지의 사람에게 어울린다.

F-code (가을 코드)

성실하고 차분함이 느껴진다. 브라운이나 카키 계열에 시크한 컬러를 매치해 차분하면서도 화려한 이미지를 연출할 수 있다.

W-code (겨울 코드)

첫 이미지가 강한 편으로 이지적이며 냉철해 보인다. 블랙 앤 화이트를 기본으로 하며 심플하면서도 대담한 스타일이 어울린다.

컬러로 행복해지자!
생활 속 원칙, 컬러테라피

예비맘이나 초보맘이라면 누구나 예전과 달라진 자신의 모습에 스트레스를 느껴본 경험이 있을 것이다.

이때 컬러는 스트레스를 해소하는 데 중요한 역할을 한다. 컬러를 살짝 바꾸기만 해도 몸매나 이미지 변신에 성공할 수 있기 때문이다. 좀 더 나아가 아이나 남편을 위해 컬러를 활용해볼 수도 있다.

예를 들어 뱃속에 있는 아이나 갓 태어난 아기들은 환경에 매우 민감하다. 이때 연한 핑크나 피치 컬러는 엄마의 사랑을 전할 수 있으며, 연한 블루나 그린은 마음을 차분하게 가라앉히고 진정시키는 효과가 있다.

남편의 경우 넥타이 컬러에 좀 더 관심을 가져보면 어떨까. 프레젠테이션이 있는 날이면 블루 컬러 넥타이를 권해보자. 블루 컬러는 마음을 차분하게 하고 논리적인 부분을 강화시켜주며, 상대에게 지적인 이미지와 믿음을 심어준다. 남편에게 자신감을 심어주고 싶다면 레드 넥타이를 매어주자. 레드 컬러는 일을 추진할 수 있는 에너지와 긍정적인 마인드를 선사한다. 다만 얼굴이 붉은 편이라면 더욱더 붉어 보일 수 있으므로, 와인 컬러를 권한다. 남편의 장점이 돋보이는 컬러를 찾아준다면 남편의 옷차림 역시 경쟁력이 될 것이다. 참고로 컬러에 따른 효능을 간략히 소개한다.

◆ **핑크** : 일본에는 핑크호흡법도 있을 정도로 여성들에게 가장 중요한 컬러. 핑크는 보호본능을 일으키는 컬러이므로 사랑과 애정을 주고받고 싶을 때 핑크를 활용하자.

◆ **오렌지** : 식욕을 촉진시키는 효과와 더불어 내성적이고 사교성 없는 사람에게 효과적이다.

◆ **블루** : 믿음직스럽고 차분한 성격의 소유자가 좋아하는 컬러로 분석적이고 논리적인 면을 강화한다. 다이어트가 필요하다면 블루를 가까이하자. 출산 후 늘어난 몸무게로 우울함을 느낀 나머지 폭식하는 경우가 있는데 블루 컬러를 활용하면 효과적이다.

매니큐어나 홈웨어 컬러만 바꿔도 기분이 달라질 수 있다! 다이어트를 하고 싶다면 레드나 오렌지, 그린이나 옐로우 컬러를 포인트로 활용하자. 이러한 컬러는 한자리에 오래 머물지 않고 계속 움직이게 도와주는 특성이 있다.

♦ **바이올렛** : 예술적 감성이 풍부한 사람이 좋아하는 컬러로, 신비로운 느낌을 띠고 있어 이성의 매력을 끌기 쉽다. 블루와 더불어 포만감과 쓴 맛을 느끼게 하는 컬러이기도. 다이어트를 원한다면 식탁보나 식기를 바이올렛이나 블루로 골라보자.

♦ **레드** : 몸과 마음이 지쳐 우울할 때면 레드 컬러를 활용하자. 레드 컬러는 신경과 혈액 순환을 자극하여 아드레날린을 분비하는 역할을 한다. 소품이나 속옷, 액세서리, 지나치게 넓지 않은 면적에 포인트로 활용하자. 단 과하게 사용할 경우 화가 나거나 초조해질 수 있으니 주의하자.

♦ **블랙** : 카리스마가 있는 컬러. 완벽하게 정리된 느낌을 주면서도 무언가 감추고 싶은 욕망을 표현한다. 다만 누구나 소화할 수는 없다는 사실을 염두에 두자. 블랙을 입고 싶은데 어울리지 않을 경우, 자신과 어울리는 소품을 이용해 적절히 커버해야 할 것.

♦ **네이비** : 수수하면서도 세련된 컬러. 집중, 용기, 조용함을 상징하며 엄숙한 느낌을 준다. 예의를 갖추어야 할 자리에 무난하게 쓰이는 컬러로, 블랙이 안 어울리면 네이비를 매치해도 좋다.

♦ **브라운** : 자연을 연상시키는 컬러. 신뢰와 편안함, 풍부함을 상징하며 따뜻하고 고급스러운 느낌이다. 클래식한 컬러인 반면 간혹 지루할 수 있으므로 다른 컬러보다 신중하게 매치할 필요가 있다.

김경미, 현(現) 칼라코드(www.color-code.net) 대표이자 한양대학교에서 컬러 강의를 맡고 있다. 칼라코트 김경미 대표는 나와 참 재미난 인연을 갖고 계신 분이다. 한양내학교 디자인 특강에서, 나는 학생으로, 김경미 대표는 교수로 첫 만남을 가졌다. 이 책을 쓰는 동안 친구가 "컬러테라피 하면 이분이야!"라며 꼭 소개시켜주고 싶다고 해서 사무실을 방문했더니, 김 대표님이 특유의 상쾌한 미소로 맞아주셨다(지면을 통해 아낌없는 조언에 다시 한 번 감사드린다).

스타일리시한 예비맘의 패션 전략

임신부 시절, 정기 검진을 받기 위해 외출할 때마다 거리를 누비는 아가씨들을 보면 부러워 미칠 지경이었다. 그때는 이 세상에 남자, 여자, 아이 그리고 임신부만 존재하는 것 같았다. 미니스커트를 입은 날씬한 다리도 부러웠고, 배꼽이 살짝 드러나는 짤막한 티셔츠, 몸매를 드러내는 스키니진까지, 하나같이 그렇게 산뜻해 보일 수가 없었다. 그러던 어느 날, 두 아이의 엄마인 친구가 내게 이런 말을 했다.

"난 임신했을 때 되도록 티를 안 내려고 무던히 애썼는데, 지나고 나니 후회되더라. 태어나서 한두 번밖에 가질 수 없는 모습이잖아. 요즘엔 만삭 촬영도 한다는데, 그런 추억 한 장 없는 게 너무 아쉬워. 우리 회사 여직원은 임신했는데 미니스커트도 입고 배 나온 모습도 어쩜 그렇게 예쁘게 드러내는지, 다들 그 여직원 보면 기분이 좋대. 임신했는데도 당당하고 예쁘게 꾸미는 모습이 보기 좋다나? 내가 가리고 다닐 때는 그렇게 신경을 쓰면서 불편해하더니 말이야. 그러니까 너도 마음껏 꾸미고 다녀. 지금도 충분히 예쁘니까."

의기소침해 있던 나를 위로해주기 위해 한 말일 수도 있었겠지만, 사실 친구의 말이 틀리진 않았다.

물론 임신부가 몸매를 드러내는 게 말처럼 쉽지는 않다. 임신 5~6개월을 넘어서면 점점 불러오는 배와 피부 트러블에 자신감을 잃기 쉽다. 나 역시 그랬다. 길을 걷는 모든 여자들이 생김새에 관계없이 아름다워 보였고 다시 저렇게 예쁜 몸매로 돌아갈 수 있을지, 내가 다시 저런 옷을 입을 수 있을지, 생각할수록 한숨만 나왔다.

게다가 임부복은 어쩌면 그렇게 촌스러운지. 입기만 해도 갑자기 10년쯤 나이가 들어 보이는 기분이었다. 상황이 그렇다 보니 블랙 컬러의 옷으로 불러오는 배를 가리기에 바빴다.

하지만 친구의 말을 듣고 나서는 평생 한두 번밖에 가질 수 없는 모습인데, 왜 축복받은 몸매라며 당당히 드러내지 못했을까 하는 후회가 들었다. 여자만이 가질 수 있는, 특별한 생명의 신비를 품은 시간을 본인 스스로 자랑스럽게 여겨야만 뱃속 아이도 좋아할 텐데 말이다.

사실 임신했다는 사실에 구애받지 않고 조금만 더 신경을 쓴다면, 충분히 자연스러우면서도 세련된 스타일을 유지할 수 있다. 단, 임신부도 충분히 스타일리시할 수 있다는 자신감을 갖는다는 전제 하에서.

일상복을 활용한 임부복 스타일링

임신했다고 해서 하늘나라에서 전혀 다른 내가 갑자기 떨어지는 것은 아니다. 외형적인 변화야 있겠지만 몸 안에 아기와 양수, 아기를 보호하는 알파가 예쁘고 적당하게 자라고 있을 뿐이다.

임신 초기까지는 배가 조금씩 불러오기 때문에 크나큰 변화는 없다. 오히려 입덧으로 체중이 감소하는 경우도 종종 있다. 그러다 허리 사이즈가 조금씩 늘어나고 배가 알 듯 모를 듯 불러오다 6개월 이후부터는 눈에 띄게 나오기 시작한다. 아이를 안전하게 지탱해주고 원활한 출산을 준비하기 위해 골반도 살짝 넓어진다.

따라서 **임부복은 본격적으로 배가 불러오는 시점부터 필요한 것이지 초기부터 굳이 마련할 필요는 없다.** 더구나 한때 입고 마는 옷이기 때문에 아무리 훌륭한 디자인과 소재라 해도 효용가치가 높지 않다. 결국 평소 입던 옷을 활용해 자연스러운 스타일을 연출하는 것이 경제적인 면에서나 스타일 면에서나 가장 바람직한 방법이다.

풍성한 화이트 셔츠

화이트 셔츠를 멋지게 소화하는 것이야말로 여자들의 로망 중 하나다. 영화 〈대통령의 연인〉에서 아네트 베닝이 화이트 셔츠만 달랑 걸친 채 요리하던 모습을 기억하는가? 남성적 느낌이 물씬 풍기는 셔츠를 우아하고 섹시하게 소화한 그녀의 모습이야말로 화이트 셔츠 스타일링의 백미라 할 수 있을 것이다.

임신 중 망가진(?) 몸매를 산뜻하게 커버해줄 아이템으로 박시한 화이트 셔츠에 도전해보면 어떨까.

이 기간에 입을 화이트 셔츠는 상체를 가려주는 풍성한 핏과 엉덩이를 덮는 길이의 것이 좋다. 핏이 헐렁할수록 끝단까지 바느질이 잘 되어 있는지 꼼꼼히 살펴야 한다. 아울러 소매를 걷어 올려 고정하는 단추가 달린 것이 좋은데, 나중에 아이와 함께 외출할 경우 분명 팔을 걷어 올릴 일이 생기기 때문이다.

상의가 풍성한 느낌이라면 하의는 어느 정도 붙는 느낌의 옷이어야 하므로, 블랙 레깅스를 추천하고 싶다.

특히 직장에 다니는 임신부에게 엉덩이까지 내려오는 박시한 화이트 셔츠와 타이트한 임부용 블랙 레깅스는 마치 교복처럼 언제나 입을 수 있는 아이템이 되어줄 것이다.

임신 말기가 되면 남편의 옷장에서 꺼낸 화이트 셔츠와 블랙 베스트로 매니시한 스타일에 도전해보자. 똑같은 아이템을 중성적인 스타일로 연출하는 시도는 재미와 활력을 선사한다.

멋스러운 분위기의 니트

니트는 배를 따뜻하게 감싸주고 D라인을 자연스럽게 드러낸다는 점에서 임신부에게 추천하고 싶다.

basic item
니트

사실 헐렁한 옷으로 멋스러움을 연출하는 루즈 핏의 대표 격으로, 임신이나 출산과 관계없이 언제든지 입을 수 있는 소중한 아이템이기도 하다.

화사한 파스텔 컬러의 니트는 여성스러운 분위기를, 블랙 컬러의 니트는 시크한 분위기를 연출한다. 여름에 슬리브리스 티셔츠와 살짝 비칠 듯한 니트 스웨터를 매치하면 멋스러운 임부 룩이 완성된다. 겨울에는 블랙 반팔 니트와 블랙 팬츠로 활동성과 세련된 스타일을 살려보자.

만능 아이템, 롱 티셔츠

박시한 롱 티셔츠는 임신부뿐 아니라 누구에게나 어울리는 일상적인 코디로 굳어졌기 때문에 코디하기 그리 어렵지 않다.

특히 피트감이 있는 저지 롱 티셔츠는 몸매를 자연스럽게 드러내기 때문에 보다 감각적으로 보인다. 배가 많이 나오지 않은 임신 초중반에는 너무 크지 않은 사이즈를, 6개월이 넘어가는 중후반에는 눈에 띄게 불러오는 배를 커버할 수 있도록 조금 넉넉한 사이즈를 고르도록 하자.

한편 밝은 컬러나 재미난 캐릭터가 들어간 티셔츠 또한 추천하고 싶은 아이템이다. 배가 약간 나와 보여도 발랄하고 귀여운 분위기를 연출할 수 있기 때문이다.

스타일의 진수 레이어드 룩

이 책을 쓰던 지난 겨울, 머릿속이 온통 원고에 대한 생각으로 가득하던 때, 우연히 지하철에서 너무나 스타일리시한 임신부를 본 적이 있다. 밤 10시가 넘은 늦은 시간이었는데 어찌나 멋지고 세련돼 보이던지, 아마 내가 조금만 더 용감했어도 말을 걸었을 것이다.

그녀는 유난히 추운 날씨에도 불구하고 묵직한 코트에 두터운 머플러로 꽁꽁 싸맨 차림이 아닌, 자연스러운 레이어드 룩으로 멋진 스타일을 뽐내고 있었다.

상의는 블랙과 브라운을 적절히 섞은 기모용 티셔츠를 몇 벌 겹쳐 입은 위에 망토와 블랙 퍼로 된 스누드를 걸친 차림이었다. 하의는 슬림함을 강조한 임부용 기모 레깅스를 입고 있었다. 옅은 화장에 구불거리는 머릿결까지, 너무나 자연스럽고 아름다운 모습이었다.

임신부인데도 저렇게 스타일리시할 수 있다니, 할머니가 되어도 여전히 아름다울 것 같다는 생각마저 들었다. 그녀는 그런 내 마음을 조금도 알아채지 못했겠지만, 나는 그날 '레이어드 룩'의 진수를 실감할 수 있었다.

임신했을 때는 신진대사 증가로 몸에 열이 많아지기 때문에, 다른 사람들은 모두 추위에 떨어도 혼자 덥다는 느낌을 받기 쉽다. 그럴 땐 옷을 여러 벌 겹쳐 입은 후 필요할 때마다 하나씩 벗으면 된다. 날씨가 추워지면 스웨터 안에 티셔츠를 입거나 폴라티에 베스트, 재킷 위에 망토를 입는 식으로 레이어드 센스를 발휘하자.

basic item
레이어드
룩

베스트의 경우 옷 이전에 색다른 액세서리가 될 수 있다. 반팔 위에 니트로 된 베스트를 입거나, 겨울에 퍼 베스트를 걸치면 심플하면서도 화려한 룩이 완성된다.

여자이길 포기하고 싶지 않은
예비맘의 속옷 고르기

임신 초기에서 5~6개월까지는 기존의 속옷만으로 충분하다.

하지만 앞에서도 말했듯이 임신 6개월을 넘어서면 본격적으로 배가 불러오기 때문에 새로운 속옷을 준비해야 한다. 평소 사이즈대로 입으면 배에 고무줄 자국이 나는 데다 뱃속 아이도 편할 리 없기 때문.

그렇다고 백화점에서 임부 전용 속옷을 사자니 얼마 입지 않을 텐데 가격이 부담스럽고, 인터넷에서 사자니 갑자기 아줌마가 되어버린 기분이 든다.

임신부 느낌이 나지 않게끔, 가급적 스타일리시하게 속옷을 입을 수 있는 몇 가지 팁을 소개한다.

♦ **산전용 브래지어로는 스포츠 브랜드의 이너웨어를 추천한다.** 일명 '스포츠 브라'라는 것인데 출산 후에도 얼마든지 쓸 수 있기 때문에 실용적이다. 다만 캡을 탈부착할 수 있는 제품이어야 한다. 그래야 출산 후 수유 패드를 넣어 수유 브라로 쓸 수 있고, 아이가 젖을 떼고 난 후에는 다시 스포츠 브라로 쓸 수 있다. 보통 임부용 브라를 사고 나중에 수유 브라를 다시 산다. 그리고 얼마 입지 않고 버린다. 속옷은 돌려 입을 수도 없다. 얼마 입지 않고 버리느니 입을 때도 기분 좋고 오래 입을 수 있는 속옷을 구입하자.

♦ **만일 수유 브라를 따로 살 경우에는 사이즈 선택에 유의해야 한다.** 특히 임신 후기와 수유기에 접어들면 가슴이 예전보다 훨씬 커지므로 지나치게 일찍 구입하지 않는 것이 좋다.

♦ **임부 팬티보다는 차라리 감촉 좋은 생리 팬티를 추천한다.** 임부 팬티는 임신 중후반에 배를 따뜻하게 감싸주어 엄마와 아이를 편하게 해주는 역할을 한다.

하지만 정말 70~80년대나 입을 법한 스타일로, 중년을 넘어선 나이라 해도 거들떠보지 않을 만한 디자인이 대부분. 구매대행 사이트를 통해 일본 와코루 제품인, 블랙 바탕에 눈처럼 하얀 화이트 도트 무늬의 '생리 팬티'를 발견하고는 딱 이거라는 생각이 들었다.

생리 팬티는 배를 감싸줄뿐더러 부드러운 방수 천이 안에 덧대어져 있기 때문에 편하고 위생적이다. 임신부 시절 마음에 드는 디자인의 속옷을 찾기 힘든데, 스타일리시한 생리 팬티는 잘 챙겨놓았다가 나중에 마법에 걸릴 때 입어도 좋으니 여러모로 반가운 아이템이다.

♦ **내복을 입기 싫다면 레깅스를 활용하자.** 동양인의 체질은 서양인과 다르기 때문에 겨울에 아이를 낳을 경우 산후조리를 위해 당연히 내복이 필요하다. 아이를 낳은 후에는 샤워도 함부로 할 수 없으므로 지나치게 체온을 높일 필요는 없겠지만, 적어도 찬 바람이 들어가지 않게끔 주의해야 한다.

하지만 예전과 달리 다양한 디자인의 내복이 나와 있음에도 불구하고 여전히 내복은 스타일과 거리가 먼 것이 사실. 그럴 경우 내복 대신 발목까지 오는(그래야 집에서도 편하게 입을 수 있으니) 기모용 레깅스나 기모 티셔츠를 입는 것도 방법이다. 내복만큼 따뜻한 데다 나중에도 언제든지 활용할 수 있다.

보이지 않는 곳까지 체크하고 싶은
초보맘의 속옷 고르기

사실 속옷을 고르는 취향은 사람마다 제각각이기 때문에 딱히 어떤 디자인이 스타일리시하다고는 말하긴 어렵다. 게다가 어떤 속옷을 입는지도 중요하지만 어떻게 입느냐는 더더욱 중요한 문제다. 아이 낳고서 제대로 화장할 시간도 없는데 언제 속옷까지 챙겨 입을 정신이 있느냐고? 호피 무늬의 섹시한 속옷이나 한없이 귀여운 도트 무늬의 속옷을 사라는 말이 아니다. 자신에게 잘 맞는 속옷은 패션의 시작이자 마무리다. 속옷만 잘 입어도 실제보다 훨씬 날씬해 보이므로 맵시 있는 스타일을 위해서라도 제대로 속옷을 입자는 얘기!

♦ **브래지어** : 치수보다 작은 브래지어를 했을 경우에는 가슴 옆으로 군살이 삐져나와 흉해 보이고, 큰 브래지어는 겉옷 밖으로 컵이 떠 있는 것처럼 보일 수 있으므로 먼저 자신의 치수를 정확히 파악하자.
브래지어 사이즈는 가슴둘레와 컵 사이즈로 결정되는데, 밑 가슴둘레와 윗 가슴둘레를 측정한 다음 윗 가슴둘레에서 밑 가슴둘레를 뺀 값으로 사이즈가 결정된다. 그 차이가 7.5cm 이하면 A컵, 7.5~10cm면 B컵, 10~12.5cm면 C컵이다. 한편 얇은 옷이나 타이트한 옷을 입었을 경우 브래지어 옆단으로 삐져나온 울퉁불퉁한 라인이 눈에 띄기 쉬운데, 이를 방지하기 위해서는 브래지어 사이드가 넓은 것을 착용하는 것이 좋다.

♦ **팬티** : 팬티는 청결과 스타일 모두를 만족시켜야 하는 아이템이므로 보다 신중하게 고르자.
신축성 있는 면 소재가 가장 좋으며 너무 꽉 조이는 디자인은 살이 삐져나올 수 있어 좋지 않다. 실루엣을 위해서는 힙 전체를 감싸주는 모양이 좋은데, 그중에서도 팬티 라인이 드러나지 않도록 가장자리를 부드럽게 처리한 것을 추천한다.

♦ **거들** : 힙이 처지는 것을 방지하기 위한 속옷으로, 배 부분을 2~3중으로 처리해 배를 가볍게 눌러주고 허벅지까지 조여주기 때문에 몸매 보정에 효과적이다.
하지만 지나치게 조이는 것은 오히려 살이 뭉칠 수 있으므로 허벅지 사이즈에 맞추되, 몸의 실루엣을 자연스럽게 드러내는 것으로 골라야 한다.

임부복, 패셔너블하게 연출하기

아무리 임부복 대신 루즈한 평상복을 입는다 해도 임부복을 외면할 수만 은 없는 일. 앞에서도 말했듯이, 기존에 입던 바지가 불편하게 느껴지는 5~6개월 즈음부터 슬슬 임부복을 준비해보자.

최근 부른 배를 당당하게 드러내는 예비맘들이 많아지면서 펑퍼짐한 임부 복은 사라지고 개성 있는 디자인과 화사한 컬러를 겸비한 임부복들이 많 아졌다. 하늘거리는 소재의 실켓캉캉치마나 어깨끈 조절이 가능하고 사이 즈가 넉넉해 만삭까지도 배를 덮어주는 레이스 슬리브리스 티셔츠 등, 예 전에 비하면 파격적인 스타일이라 하겠다.

하지만 아무래도 임부복은 기능성을 무시하지 않을 수 없는 노릇. 임신 개 월 수와 체형, 통풍성과 활동성 등을 고려하자는 원칙을 세우고 보다 센스 있는 스타일을 연출해보자.

임신부 전용 바지는 고무줄로 되어 있어 입기 편하고, 허리 라인에 부착 된 여러 개의 단추를 이용해 시기 별로 사이즈를 조절할 수 있는 것이 장 점이다. 배 라인 또한 명치까지 올라와 임신부와 아기를 보호해주기 때문 에 임신 중반을 넘어서도 아주 편하게 입을 수 있다.

꼭 비싼 전문 브랜드를 이용하기보다 동대문 시장 등에서 저렴하면서도 본 인이 즐겨 입는 디자인을 고르자. 바지는 입어보고 사는 것이 좋으므로, 처 음 구입하는 거라면 인터넷 쇼핑보다는 시장에 가서 직접 고르기를 권한 다. 처음이 어렵지 일단 노하우가 생기면, 모니터만 봐도 옷을 고르는 안 목이 생긴다.

주로 임신부 청바지와 블랙 컬러의 정장 스타일 바지를 많이 입는데, 무난한 스타일링을 원한다면 정장 바지를 권하고 싶다. 정장 스타일의 임부용 바지는 어떤 옷과 매치해도 무난하고 일반 기성복과도 크게 다르지 않다.

임부용 청바지는 보통 청바지와 달리 허리가 얼마든지 늘어나는 데다 배부분은 지퍼 없이 면으로 처리돼 만삭까지 편하게 입을 수 있다. 다양한 스타일이 있는데, 부츠 컷이나 일자형, 스키니 등 자신의 취향에 맞게 고르면 된다. 스니커즈나 통굽 샌들과 매치하기에 유용한 아이템이기도 하다.

basic item
임부용
청치마

대부분의 임부복 하의는 만삭까지 입을 수 있도록 허리부분이 넉넉하게 되어 있기 때문에 배가 나오지 않은 시기에 만삭용 옷을 입으면 오히려 더 배가 나와 보인다. 이런 경우 길이가 긴 티셔츠와 코디하면 효과적으로 커버할 수 있다. 플라워 프린트나 스트라이프 등 프린트 무늬의 옷은 부른 배를 감춰주고 수축된 느낌을 준다.

최근 임신복 트렌드가 자신 있는 노출이라고는 하지만, 그렇다고 무작정 드러낼 수는 없는 일. 단점은 가리고 장점은 드러내는 것이 만고불변의 스타일 원칙임을 잊지 말자. 다리가 날씬하다면 임부용 미니 청치마나 레깅스로 당당히 다리를 드러내자. 직장인이라면 H라인 임부용 스커트도 추천한다. 임신부라고 해서 미니를 입지 못한다는 편견을 버리자. 임신부 전용 미니 청치마는 어떤 옷과 코디해도 산뜻한 스타일을 연출할 수 있다.

레깅스는 일반적인 스타일링에서도 환영받는 아이템으로, 긴 상의에 레깅스를 매치하면 편안하면서 시크한 느낌이 된다. 일반 레깅스는 배 부분을 충분히 덮을 수 없는데 비해, 임신부 전용 레깅스는 바지처럼 배를 편하게 감싸주는 것이 장점. 나중에는 너무 편해서 바지를 입기가 싫어질 정도다. 임신 기간에는 레깅스 한두 개 정도만 장만해두어도 간편하게 외출을 준비할 수 있다.

막달이 가까워지면 임신부 전용 레깅스나 스타킹도 답답한 느낌이 드는데, 그럴 경우 고무줄을 빼버리면 한결 편안하다. 물론 고무줄을 빼버려도 흘러내리는 일은 없으니 걱정은 뚝.

basic item
레깅스

임신부의 스타일을 지켜줄
수유 케이프 만들기

문화센터 강좌에서 아이를 위해 다양한 핸드메이드 소품이나 인형을 만드는 예비맘들이 종종 있다.
나 또한 출산 전까지는 내 아이에게 이것도 저것도 만들어줘야지 하는, 막연한 환상과 포부가 충만
해 있었다.

이왕 만들 거라면 아이보다 내게 꼭 필요한 것을 만들어놓는 게 당연히 좋다. 그중 추천할 만한 것
이 바로 '수유 케이프'다.

아기에게 젖을 물리는 엄마의 모습이 가장 아름답다고들 하지만, 같이 목욕 갈 정도로 아주 친한 사
이가 아니면 같은 여자끼리도 괜히 민망해지는 것이 사실. 집이 아닌 다른 곳에서는 두말할 필요도
없이 불편하다. **수유실이 따로 있거나 별도로 커튼을 만들어놓은 곳이 아니면 외출 자체가 망설여
진다. 이때 스타일을 지키기 위해 꼭 필요한 것이 바로 수유 케이프!**

만드는 법도 그리 어렵지 않다. 어깨를 두르는 케이프 형태로 만들되, 가슴을 확실히 가려줄 정도의
길이면 된다. 한여름이 아니라면 허리까지 넉넉하게 내려오는 길이도 좋을 것이고, 여미는 부분은
단추나 똑딱이를 사용하면 편리하다.

소재는 당연히 순면, 그중에서도 아기 얼굴에 닿아도 불편하지 않도록 특별히 포근한 것을 쓰는 게
좋다. 출산일이 겨울인지 한여름인지 날씨가 좋은 봄이나 가을인지를 고려해 천을 고르자.

컬러는 화이트 계열의 무채색 컬러가 깨끗해 보이지만 엄마의 취향에 따라 좋아하는 컬러와 무늬를
골라도 좋다. 개인적으로는 핑크나 티파니 블루를 추천하고 싶다!

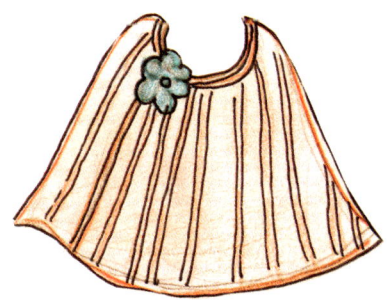

안쪽 면은 순면으로 제작해 아이 피부에 자극
을 줄인다. 겨울용 수유 케이프는 바람을 막기
위해 겉면을 도톰한 천으로 만든다.

하이힐을 신지 못하는 임신부들을 위하여

임신하면 발이 반 사이즈, 그러니까 5mm 정도 늘어난다. 사람에 따라 차이는 있겠지만, 임신 기간 동안 반 사이즈에서 한 사이즈 이상 발이 커졌다면, 아이를 낳은 후 예전 사이즈로 돌아오지 않을 수도 있다는 것을 기억해두자. 이는 몸에 물이 많아지면서 발 사이즈가 커졌거나, 골반 확장을 돕는 호르몬인 릴렉신(Relaxin)의 영향으로 몸의 관절이 부드러워졌기 때문이라고 한다.

하이힐 중독자들에게 임신 기간은 매우 괴로운 시간일 것이다. 그녀들에게 굽 5cm짜리 구두란 상상조차 할 수 없는 일이 아니던가.

하지만 임신한 동안에는 내 건강과 아이를 위해 잠시 고집을 꺾을 필요가 있다. 사실 하이힐은 임신부가 아니더라도 허리와 다리에 부담을 주기 때문에 건강에 좋지 않다. 더구나 임신 중에는 배 때문에 자꾸 상반신이 뒤로 젖혀지면서 허리에 부담이 가중된다. 자칫 균형을 잃고 넘어질 가능성도 배제할 수 없다. 하이힐을 신고 걷다 넘어지면 흔히 꼬리뼈 부위에 외상을 입는데, 꼬리뼈가 골반 내측으로 전위될 경우 자연분만이 불가능해질 수도 있다. 따라서 가능하면 굽이 낮은 신발을 신자. 아예 굽이 없으면 다리와 척추에 오히려 무리가 가므로 2~3cm 정도의 굽이 적당하며, 플랫슈즈나 뒤가 트인 디자인이 신기 편하다. 가을이나 겨울에는 굽 없는 부츠를 신는 것도 좋다.

그래도 가끔은 하이힐을 신고 싶다면 웨지힐을 추천한다. 웨지힐은 앞굽과 뒷굽의 높이가 비슷하기 때문에, 일반 힐과 높이는 같지만 안정감이라는 측면에서 월등히 편하다. 한편 굽이 높은 신발을 신을 경우, 휴대하기 편한 플랫 슈즈 하나 정도는 넣어 가지고 다니는 것도 좋은 방법이다. 하이힐과 잠시 작별을 고해야 하는 스타일 맘들이 반길 만한 몇 가지 신발을 소개할까 한다.

플랫 슈즈 출산 후 아이를 키우면 높은 굽의 신발은 당분간 쳐다보기 힘든 것이 현실. 이때 2~3cm 정도 굽의 플랫 슈즈를 신는다면 스타일과 실용성이라는 두 마리 토끼를 잡을 수 있다. 기본 컬러인 블랙도 무난하지만, 화려한 컬러나 레오파드 패턴이 들어간 플랫으로 스타일에 포인트를 선물하자.

부츠   플랫 슈즈   스포츠 하이힐

스니커즈   옥스퍼드 슈즈   레인부츠

플립플랍 여름에 신는 굽이 낮은 슬리퍼 모양의 신발로, 흔히 '조리'라고 부르는 아이템. 하늘거리는 스커트와 매치하면 자연스러워 보인다.

스포츠 하이힐 최근 운동화 같은 하이힐, 하이힐 같은 운동화라는 컨셉 아래 출시된 하이힐 컨버전스 제품에 도전해보자.
디자이너 알렉산더 맥퀸과의 콜래보레이션으로 톡톡히 재미를 본 스포츠 브랜드 푸마는 이탈리아 브랜드 세르지오 로시와 손을 잡고 스포츠 하이힐을 개발하기도. 편안함과 스타일리시함을 동시에 해소해주는 만능 아이템이 되어줄 것이다.

부츠 부츠는 임신부 패션의 필수 품목인 레깅스와 조화를 이룬다는 면에서도 꼭 필요한 아이템.
부츠 또한 굽이 높지 않은 플랫 부츠나 어그 부츠를 추천한다. 만일 한철용으로 신을 거라면 발이 부을 것을 감안해 스웨터 부츠를 고르자.

글레디에이터 슈즈 발목까지 가죽끈으로 여러 번 동여매는 구두. 영화 〈글레디에이터〉에 나왔던 로마시대 전사의 모습을 재현해 붙여진 이름으로, 굽은 매우 낮지만 롤업 진이나 원피스와 매치하면 유독 스타일리시해보인다.

메리제인 발등을 가로지르는 스트랩이 달린 구두로 앞코가 둥글다. 언뜻 보면 발레리나 슈즈와 비슷한 느낌이 든다. 3cm 미만의 낮은 굽이 대부분인데 최근 통굽 형태도 많아지는 추세. 귀여운 스커트와 코디하면 사랑스러운 이미지를 연출할 수 있다.

로퍼 굽이 낮고 발등을 덮는 스타일의 편안한 구두. 면바지나 정장 바지와 코디하면 깔끔하고 도시적인 느낌이 난다.

옥스퍼드 슈즈 앞부분을 끈으로 묶는 레이스업 구두의 일종으로, 원래는 남성용 신발이었으나 최근 여성들 사이에서 인기를 얻고 있다. 정장에 하이힐을 신어야 할 경우 매우 유용한 아이템으로, 슈트와 매치하면 매니시한 분위기를 낼 수 있다.

스타일 맘을 위한
빅 백 고르기

출산 전, 혹은 출산 후 2~3년 동안 꼭 필요한(아이가 기저귀를
떼더라도 혹시 실수할까 봐 예비옷을 챙겨야 하기에, 그리고 젖병을 졸
업해도 이유식과 보리차 정도는 가지고 다녀야 하기에) 가방. 흔히
'기저귀 가방'이라고 하지만, 많은 물건을 담을 수 있는 빅 백이
라고 이해하면 된다.

이 시기에는 그동안 애정을 아끼지 않았던 명품백도 잠시 옷장 속
에 모셔두자. **나이를 먹으면 '남자 보는 눈'이 달라지듯이, 아이
를 낳으면 '가방 보는 눈'도 달라져야 한다.** 디자인과 실용성을
겸비한 빅 백을 고르는 몇 가지 팁을 소개한다.

**빅 백에 수납 주머니를
2~3개 정도 넣어두면
가방의 물건이 쏟아지는
비상사태에도 대처할 수 있다.**

♦ 관건은 뭐니뭐니 해도 크기! 특히 가방 바닥이 넓어야 이것저
  것 넣기 좋다.
  가방에 주로 들어 있는 물건을 소개하자면, 기저귀 4~5개, 우
  유병 2~3개, (기저귀를 갈 때 필요한) 포근한 덮개, 물이 든 보
  온병, 이유식 도시락, 아이를 위한 책이나 장난감, 그리고 엄마
  의 소지품까지. 정말 정신없지 않은가?

♦ 소재는 세탁하기 쉽거나, 뭐가 묻더라도 물수건으로 바로 닦아
  낼 수 있는 것이 좋다.

♦ 무엇보다 가방의 내부가 잘 구획되어 있어야 한다. 큰 가방 속
  에서 원하는 물건을 척척 찾아내려면 안주머니의 활약이 대단
  히 중요하다. 양끝에 밴드가 있으면 젖병이나 텀블러를 넣기 편
  하다. 핸드폰의 경우 찾기 쉽게끔 인형이나 큰 핸드폰 고리를
  달아두는 것도 좋은 방법!

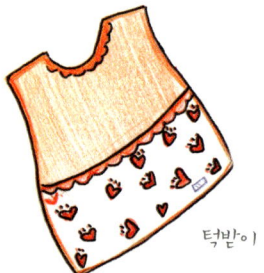

턱받이

바디 슈트

미니북

썬크림

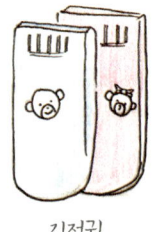

기저귀

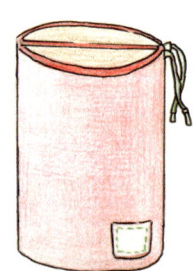

다용도 수납 주머니

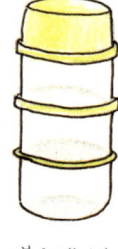

분유 케이스

물티슈

치발기

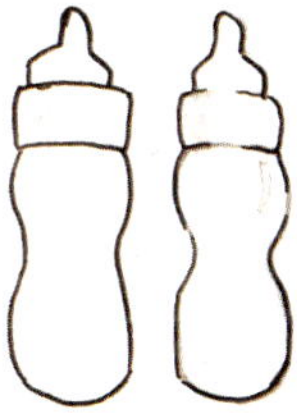

젖병

◆ 무조건 가벼워야 한다. 아이 짐이 워낙 많으므로 조금이라도 무거운 가방은 쳐다보지도 말자.

◆ 빅 백과 함께 장만하면 아주 편리한 것이 스트랩이 달린 클러치 백. 카드 지갑, 핸드폰, 동전 지갑, 자외선 차단제가 들어갈 정도의 크기면 된다.

◆ 진정한 스타일 맘이라면 남들이 다 드는 가방은 되도록 피할 것. 국민 가방이라고 불리는 가방도 쳐다만 보자. 자신의 시그너처 아이템을 고르겠다는 결심으로 빅 백을 골라보자.

◆ 마지막으로, 정말 기저귀 가방은 사지 말자! 기저귀 가방 중에도 간혹 예쁜 것이 있긴 하지만, 단지 1~2년 쓸 가방에 거금을 투자할 순 없다.

열쇠고리 대신 인형을 달아보자.

스타일 맘의
클러치 백

집에서도
스타일 유지하기

아무래도 아이를 낳은 다음에는 예전보다 멋을 낼 기회나 시간이 급격하게 줄어들기 마련이다. 특히 전업주부일 경우 온종일 아이와 씨름하다 보면, 아무리 스타일리시한 엄마라 해도 자기 옷에 신경 쓸 여력이 남아나질 않는다.

하지만 편하다는 이유로, 혹은 귀찮다는 이유로, 헐렁한 티셔츠에 무릎 나온 '추리닝'을 당신의 시그너처 아이템으로 만들어버릴 수는 없지 않은가. 아마 그대로 지내다가는 '스타일'이라는 단어와 영영 작별을 고해야 할지도 모른다.

어떤 홈웨어를 입을지는 겉으로 보이는 스타일뿐 아니라 아침부터 저녁까지 아이를 돌봐야 하는 엄마의 기분 전환이라는 점에서도 외출복을 고르는 것만큼 중요하다.

홈웨어는 아기 피부와 직접 닿는 것이니만큼 무엇보다 소재 선택에 신중해야 한다. 최고는 물론 트러블 걱정이 없는 면 소재다.

소재만큼이나 포기할 수 없는 포인트가 있다면 바로 디자인! 일단 입었을 때 자신이 기분 좋아지는 디자인을 고르자. 외출복에서 포기해야 했던 화사한 컬러와 귀여운 디자인의 홈웨어를 추천한다. 특별히 좋아하는 캐릭터가 있다면 그 캐릭터가 들어간 홈웨어를 입는 것도 좋다.

외출이 잦지 않은 전업주부의 경우 너무 많은 종류보다는 기본적인 아이템 위주로 고르되, 남편 티셔츠처럼 헐렁하거나 지나치게 타이트한 옷보다 산뜻하고 활동성이 좋은 이지웨어를 입는 것이 센스 있는 옷차림일 것이다.

홈웨어 1순위 트레이닝복, 멋지게 소화하기

트레이닝복의 가장 큰 장점은 한 벌만 있어도 다양하게 활용할 수 있다는 점이다. 이를테면, 다른 컬러나 디자인의 티셔츠에 트레이닝복 하의만 매치해도 좋고, 간단한 외출복으로 재킷 대신 트레이닝복 상의를 입어도 전혀 손색이 없다. 잘만 입으면 건강미와 세련미를 겸비한 S라인을 과시할 수도 있으니, 스타일 맘이라면 꼭 필요한 아이템일 것이다. 다만 좀 더 스타일리시해 보이고 싶다면, 너무 얇은 소재보다는 산뜻한 테리나 벨벳으로 된 트레이닝복을 입는 것이 좋다.

그렇다면 어떻게 해야 트레이닝복을 좀 더 멋지게 소화할 수 있을지, 몇 가지 팁을 살펴보자.

다양한 컬러를 즐기자. 트레이닝복의 기본 컬러로는 '영원한 멋쟁이 블랙'과 '은은한 멋쟁이 그레이', '무난하게 어울리는 브라운'을 들 수 있다. 이 컬러들은 편안하면서 멋스럽고 어디를 가든 튀지 않아 부담스럽지 않다는 장점이 있다.

기분 전환을 원한다면 밝은 컬러를 고르자. 어차피 '홈웨어'인데 자기 취향껏 하는 것이다. 핑크 계열을 좋아한다면 과감하게 핫핑크 트레이닝복을 입어보자! 하지만 피해야 할 것도 있다. 펄이 많이 들어가 번쩍거리는 원단은 유행을 타기 쉽고 금방 질린다.

참고로 화려한 컬러의 트레이닝복을 골랐다면, 그 안에 입을 티셔츠는 단색으로 매치하는 것이 좋다

바지 길이와 밑단이 중요하다. 그 어떤 경우에도 바지 밑단에 고무줄이 들어간 쫄쫄이 스타일만은 피하자. 이러한 트레이닝복은 하체를 튼실하게 만들어주는, 그야말로 스타일링의 적이다.

바지 길이는 아예 짧거나, 활동성을 위해 복사뼈에 맞추는 것이 좋다. 긴 바지는 스타일링에 도움이 되지만 바닥에 끌리지 않도록 주의해야 한다. 짧은 길이의 바지를 입을 때는 길고 루즈한 상의를 입어야, 긴 길이의 바지를 입을 때는 짧고 타이트한 상의를 입어야 세련되어 보인다.

출산 후 커진 엉덩이가 부담스럽다면 뒷주머니가 달린 디자인으로 커버하자. 트레이닝복은 뒤태까지 꼼꼼히 살펴봐야 한다.

트레이닝복에도 믹스 앤 매치를 잘 활용하면 재미있게 입을 수 있다. 트레이닝복에 정장 라인의 빅 백을 들면 색다른 멋스러움이 느껴진다. 짧은 트레이닝 치마나 바지에 레깅스를 신으면 언제 어디서든 스타일리시하다는 이야기를 듣게 될 것이다.

후드 형태의 트레이닝복은 캐주얼하고 귀여운 느낌이, 그렇지 않은 트레이닝복은 우아한 평상복의 느낌이 나므로 상황에 맞게 활용하자.

아이와의 커플룩도 엄마의 스타일

아이를 낳기 전까지만 해도 나의 옷장은 블랙, 화이트, 그레이 등 무채색의 옷들이 대부분이었다.

그런데 아이를 낳고 키우는 동안 내 옷장의 옷들은 어느새 알록달록한 컬러로 변해 있었다. 길다면 길고 짧다면 짧은, 5년 남짓한 시간 동안 일어난 놀라운 변화였다.

심지어 "아이 옷은 어디서 사나요?", "○○ 씨 집에는 소품이나 의상 담당이 따로 있는 것 같아요. 아이랑 같이 맞추어 입으려면 돈이 많이 들지요?", "그런 옷은 어느 백화점에서 샀어요?"라고 물어오는 사람들도 있었다. 그와 함께 멋쟁이 엄마, 스타일리시한 엄마 등의 호칭이 자연스레 따라붙었다. 결혼하기 전, 오직 나를 가꾸는 데만 관심이 있었던 시절보다 더 큰 관심을 받고 있는 것이다.

내 아이를 예쁘게 꾸미려고 남보다 유난스럽게 굴었던 것도 아니다. 내 원칙은 신경 쓸 때 제대로 쓰고 평소에는 편안하게 지내자는 것. 아침부터 잠자리에 들 때까지 스타일리시하게 시낼 수는 없지 않은가.

다만, 집에서 아이를 키우느라 예전처럼 나의 스타일을 보여줄 기회가 많지 않다는 생각에 조금 더 신경 쓴 것뿐이다. 누군가의 특별한 날을 축하하기 위해 돈이나 선물을 준비하는 것 못지않게, 기분 좋은 옷차림을 선물하는 것도 중요하지 않을까. 조금만 더 패션 센스를 발휘하면 상대방에게 기분 좋은 추억을 선사할 수 있을 테니 말이다.

어쨌든 이러한 생각에 조금 더 부지런하게 행동한 것뿐인데, 본의 아니게

'스타일리시 맘'이라는 호칭까지 얻게 되었으니 지금 생각하면 감사하면서도 살짝 부끄러운 마음이 든다.

스타일리시 맘이라는 호칭을 얻으면서 내가 실감한 원칙은 단 하나다. 엄마가 스타일리시해야 아이도 스타일리시할 수 있다는 것. 따라서 무작정 아이만 예쁘게 꾸미려고 하기보다, 엄마와 자연스럽게 조화를 이루는 커플룩을 시도해보라고 권하고 싶다. 그러한 과정에서 남편에게 여자로서의 매력을 어필할 수도 있고, 아이에게 엄마의 패션 센스를 보여줄 기회도 얻을 수 있을 것이다.

아이와의 혹은 가족 간의 커플룩을 연출할 때 반드시 지켜야 할 원칙은 '머리부터 발끝까지 일란성 쌍둥이 같은 옷은 피하자'는 것이다. 아무리 좋아하는 옷이라 해도 엄마와 아이, 아빠와 아이가 똑같이 입는다면 촌스러워 보이고 돈만 깨진다. 여기서 아이와의 유대감과 가족 스타일 지수를 높일 수 있는 커플룩에 대해 간략히 살펴보자.

같은 패턴 활용하기

누구나 한 벌쯤 가지고 있는 블랙 코트를 입는다 치자. 이때 같은 패턴의 스카프나 머플러, 브로치 등으로 포인트를 주면, 순식간에 백화점 마네킹에 입혀두었던 옷을 입은 것처럼 멋스러운 커플룩으로 둔갑한다.

패턴이 있는 액세서리로 포인트를 줄 경우 베이스를 이루는 옷은 한 가지 컬러로 통일하거나 비슷한 계열로 입는 것이 좋다.

같은 패턴이라도 누가 입느냐에 따라 전혀 다른 분위기가 된다. 레오파드 패턴도 엄마가 입으면 화려해 보이지만 아이가 입으면 귀여워 보인다. 단, 레오파드 패턴은 일부 패션 리더를 제외하면 소화하기 쉽지 않으므로 액세서리나 가방, 구두 등에 활용하는 것이 좋다.

가족 모두가 즐길 수 있는 스트라이프

스트라이프의 장점은 엄마, 아빠, 아이 가릴 것 없이 남녀 노소가 즐길 수 있다는 점이다. 스트라이프는 튀지 않으면서 계절과 관계없이 언제나 세련되고 단정한 느낌을 준다. 화이트 셔츠나 블랙 슈트처럼, 어느 옷과 매치해도 무난하게 어울린다는 것 또한 큰 장점이다.

쉬운 듯 어려운 듯, 컬러 맞추기

커플룩의 컬러를 맞추는 법은 가장 쉬워 보이지만 사실 가장 어려운 일이다. 이때 핵심은 컬러의 비율을 언밸런스하게 맞추는 것. 예를 들어 딸이 레드 코트를 입는다면 엄마는 레드가 포인트로 들어간 옷을 입거나 소품을 이용해 컬러를 맞추는 식이다. 원색일수록 신중하게 사용해야 하며, 아이 옷이라 해서 무조건 알록달록한 컬러만 고집하는 것도 좋지 않다.

커플 장화, 커플 우비

비오는 날이 기다려지도록 아이와 커플 우비를 마련해보자. 똑같은 브랜드나 디자인일 필요는 없지만 컬러는 맞추어 주는 것이 좋다. 엄마의 장화는 오래 신을 수 있도록 고급스러운 소재나 디자인을 고르고, 우비는 트렌치 코트 겸용으로 입을 만한 것을 골라보자. 일 년 중 비오는 날을 생각하면 사치가 아니라 소소한 일상의 재미가 될 것이다!

신발은 커플룩의 완성

신발은 어찌 보면 가장 손쉬운 커플룩 아이템이다. 엄마와 딸이 플랫 슈즈를 맞추어 신거나, 엄마와 아들이 같은 브랜드의 운동화를, 성별에 관계없이 어그 부츠를 맞추어 신으면 커플룩의 유대감과 재미를 더할 수 있다.

엄마와 아이가 함께 쓰는 액세서리

아이가 너무 어릴 때는 무리지만, 아이가 세 살을 넘으면 엄마와 아이가 소품을 함께 쓸 수 있다. 브로치와 스카프, 케이프 등이 대표적인 아이템. 특히 브로치는 똑같은 것을 다는 것보다 비슷한 디자인을 달거나 컬러만 달리하는 것이 좋다. 캐릭터 목걸이나 캐릭터 브로치를 활용하는 것도 색다른 아이디어. 귀여운 스타일에 전혀 관심 없던 엄마도 아이가 캐릭터에 반응을 보이면 점차 흥미를 갖게 된다. 잘만 고르면 캐릭터 상품이라 해서 생뚱맞게 느껴지진 않는다.

남편도 가족이다

가족룩에서 남편만 쏙 빼지 말자. 어느 집을 보면 엄마와 아이는 정말 예쁜데, 남편만 남의 식구처럼 보이는 경우가 있다. 자신의 남편을 패션과 담 쌓은 사람으로 만들지 말자. 처음에는 다소 어색해할지 모르겠지만, 패션으로 소속감을 선사한다면 남편도 어느새 즐겁게 동참할 것이다.

초보맘과 예비맘을 위한
오프라인 쇼핑 스팟

스타일 맘에게 쇼핑은 빼놓을 수 없는 절차다. 꼭 물건을 사지 않더라도 최신 트렌드 정도는 알고 있어야 누구보다 스타일리시하게 꾸밀 수 있기 때문.
하지만 한발 앞서 멋지고 예쁜 아이템을 갖고 싶다면, 오프라인에서는 발품을, 온라인에서는 클릭품을 팔아야 한다. 스타일 맘의 빠르고 현명한 쇼핑을 위한 오프라인 쇼핑 스팟을 소개한다.

◆ 명동

예나 지금이나 변함없는 대한민국 최고의 쇼핑 스팟. 한국에 런칭하는 해외 유명 브랜드들이 제일 먼저 입성하는 곳으로, H&M, 포에버21, 자라, 망고, 유니클로 등 유명 SPA 브랜드가 즐비하다.
그중 '포에버21'은 다양한 컬러의 옷과 액세서리를 함께 구입할 수 있는 것이 장점이다. 'H&M'은 세분화된 제품 구성으로 인기를 얻고 있는 케이스인데, 예비맘이라면 임신부를 위한 Mama 라인을, 초보맘이라면 키즈 라인을 빼놓지 말고 챙겨보자.
한편 명동은 대형 백화점과 남대문 시장 덕분에 외국인 관광객이 많은 것으로도 유명하다. 따라서 주말이 되면 유동인구가 늘어나므로 세일기간에는 치밀한 계획을 세워야 시간을 절약할 수 있다.

◆ 삼청동 & 부암동

사람들이 북적대는 느낌과 다양한 구경거리를 즐기고 싶다면 삼청동을, 한적한 곳에서 쉬고 싶다면 부암동을 권한다. 삼청동의 핸드메이드 액세서리나 수제화 매장은 백화점과는 또 다른 맛을 선사할 것이다. 부암동에 가면 아기자기한 소품과 일본책을 구경할 수 있는 '쇼트 케이크'와 가방과 구두를 함께 파는 멀티매장 '궁'에 들러보자. 부암동은 햇볕이 잘 드는 숍이 많아서 카메라만 들이대면 쉽게 멋진 사진을 건질 수 있다.

◆ 홍대

홍대는 날이 갈수록 재미를 더해가는 핫 플레이스. '상상마당'의 기발함과 위트는 찾는 이를 늘 즐겁게 한다. 주차장 골목도 쇼핑하기 좋지만, 홍대역 4번 출구에서 '걷고 싶은 길'로 나와 부첼라 샌드위치 숍을 따라 걷다 보면 보물 같은 홍대 쇼핑거리가 등장한다.
그중 추천하고 싶은 숍으로는 엄마와 아이의 물건을 동시에 구입할 수 있는 '앤드비.' 온라인 매장도 있지만 그보다는 홍대 오프라인 매장을 추천하고 싶다. 엄마와 아이의 커플룩과 액세서리 등을 구경하다 보면 시간 가는 줄 모를 정도.

♦ 백화점

백화점 쇼핑은 소수 백화점에 입점한 특정 브랜드에 주력하는 것이 현명하다. 물론 세일 정보까지 알아둔다면 금상첨화. 신세계 강남점의 경우 다양한 프리미엄 진과 수입 멀티숍이 강점이다.

한편 압구정 현대백화점 특별 세일과 갤러리아 백화점의 매대 세일(층별로 있는데 특히 5층에 좋은 물건이 많다)을 놓치지 말자. 이곳에서는 특별 세일 정보만 꿰고 있어도 20~30대 여성들이 좋아하는 브랜드를 크게 할인된 가격으로 건질 수 있다. 백화점이라고 비싸다는 편견은 버리자. 꼭 백화점 정기 세일에 맞추어 갈 필요도 없다. 특별 행사장과 매대는 늘 새로운 물건들이 즐비하다.

♦ 동대문 제일평화시장

2호선 동대문역사문화공원역 1번 출구에 있는 제일평화시장. 보통 '제평'이라고 줄여 부른다. 밤 9시부터 영업하기 때문에 워킹맘이 쇼핑하기에 안성맞춤. 한 달에 한 번 정도 아이를 맡기고 나올 수 있다면 쇼핑 다이어트 코스로도 적극 추천하고 싶다. 대신 토요일은 문을 열지 않으니 홈페이지를 통해 휴무일을 미리 체크하자.

1층의 어른 매장에서는 트렌디한 액세서리나 티셔츠 등을 사기 좋고, 3층 아동복 매장에서는 순면으로 된 아동 내의나 속옷을 합리적인 가격에 살 수 있다.

♦ 프리마켓 & 빈티지숍

압구정 현대백화점 옥상에 있는 하늘정원에서는 가끔 프리마켓이 열리는데, 일정만 잘 체크하면 각종 잡지에서 촬영소품으로 사용한 의상들을 착한 가격에 건질 수 있다. 신사동 가로수길, 청담동, 방배동 서래마을에서도 정기적으로 프리마켓이 열린다니 독특한 물건을 건지고 싶다면 일정을 잘 체크해두었다가 꼭 방문해보자.

빈티지숍에서도 멋스러운 디자인의 옷을 저렴한 가격에 구입할 수 있으며, 쇼핑하기 편한 빈티지숍으로는 3호선 고속터미널역에 있는 일본 직수입 대형 빈티지숍 '빈프라임'을 추천한다. 대부분의 물건을 저렴한 가격으로 판매하는데 심지어 털코트가 2~3만 원일 정도. 가격도 가격이지만 쇼핑할 때 간섭하는 사람이 없는 것도 무시할 수 없는 장점이다.

프리마켓이나 빈티지숍의 경우에는 어느 정도 쇼핑에 내공이 있는 사람과 함께 갈 권한다. 가격이 싸다는 이유로 조금만 마음에 들어도 마구 사들일 수 있기 때문. 또한 교환이나 환불이 불가능할뿐더러 추가로 세탁비가 들기 때문에 물건을 사는 데 더더욱 신중해야 한다.

초보맘과 예비맘을 위한
온라인 쇼핑 스팟

시간과 체력이 달리는 예비맘과 초보맘들에게 온라인 쇼핑몰은 그야말로 사막의 오아시스 같은 존재. 쇼핑에 별다른 관심이 없었던 엄마들조차 출산 후 3년 정도 지나면, 모두 온라인 쇼핑의 귀재가 되어 있을 정도다. 하지만 온라인 쇼핑몰은 직접 입어보거나 눈으로 확인할 수 없기에 더더욱 철저한 검증이 요구된다. 열심히 클릭품을 팔았던 곳 가운데 강추하고 싶은 온라인 핫 플레이스를 소개한다.

♦ 아메리칸어패럴 www.americanapparel.co.kr

저렴한 가격과 심플하면서도 세련된 디자인, 좋은 면 소재가 돋보이는 미국 캐주얼 브랜드. 한국에도 오프라인 매장이 있긴 하지만 키즈와 베이비 라인이 다양하지 않은 것이 아쉬웠는데, 최근 미국과 연계한 온라인 사이트가 생기면서 아이들을 위한 다양한 제품을 구입할 수 있게 되었다. 베이비 코너에 임신부 라인도 따로 있으니 잊지 말고 체크해보자. 참고로 무료배송은 5만 원부터.

♦ 빅토리아 시크릿 www.victoriassecret.com

미국 여성 속옷 브랜드로 의류와 신발, 가방, 여행용 가방, 양말 등 다양한 제품을 고르는 재미를 느낄 수 있다. 여자이고 싶은 날에는 섹시한 이너웨어 라인을, 수유 중에는 기분 전환을 위한 핑크 라인의 홈웨어를, 외부 활동을 하는 날에는 핑크 라인의 트레이닝복을 강추한다. 세일 기간을 미리 체크해두는 것은 필수!

♦ 캐스 키즈톤 www.cathkidston.co.uk

가방, 의류, 생활용품을 파는 영국 브랜드. 그중에서도 메신저 백이나 오일클로스 백 등 다양한 소재와 디자인의 가방이 눈에 띈다. 세일 폭이 50% 정도로 높은 데 비해, 배송비가 20파운드대로 다소 비싼 것이 흠이다. 그럴 땐 친구들과 공동구매를 이용해 배송료를 아껴보자. 참고로 배송은 7~10일 정도 소요된다.

♦ 두산 오토 www.otto.kr

의류부터 패션잡화까지 다양한 제품을 판매하는 종합 쇼핑몰. 두산 오토의 가장 큰 장점은 55부터 77까지 사이즈가 다양하다는 것과, 잘만 고르면 저렴한 가격에 괜찮은 품질의 옷을 구매할 수 있다는 점이다. 양가 어머니께 일상복을 선물할 때도 유용한 사이트. 회원으로 가입하고 카탈로그를 신청하면 우편으로 받아볼 수 있다.

♦ 네스클로짓 www.nescloset.co.kr

주인장이 직접 화보촬영까지 도맡아 운영하는 의류 쇼핑몰. 싸이월드에서 스타덤에 오른 김효정이 운영하는 곳으로, 그녀의 사랑스러운 외모과 감각을 지켜보고 있노라면 마음까지 즐거워진다. 날씬한 엄마라면 특별한 날 주목받을 수 있는 아이템이 무궁무진하다.

♦ 드라마퀸 http://dramaqueen.co.kr

수입 여성의류 전문 쇼핑몰로 잡지 〈레몬트리〉에서 일 년간 쇼핑칼럼을 연재할 만큼 내공 있는 주인장의 감각이 돋보인다. 오프라인 매장은 서래마을에 위치해 있는데 미리 예약하면 직접 보고 고를 수 있다. 쇼핑을 하고 한참이 지나도 볼 때마다 기분이 좋아질 정도로 감각적인 해외 직수입 제품들을 갖추고 있으며, 아이 코너가 따로 있는 것도 강추하는 이유다.

♦ 네스홈 www.nesshome.com

린넨이나 원단으로 DIY 제품을 즐겨 만드는 예비맘과 초보맘에게 추천하고 싶은 사이트. 린넨, 코튼, 특수원단, 데코 부자재, 패턴 등 다양한 재료를 갖추고 있다. 바느질에 자신 없는 엄마라 해도 잘만 설명하면 제작도 해주니 참고할 것.

♦ 조이몰 www.joy-mall.com

엄마들의 전폭적인 지지를 얻고 있는 아동복 쇼핑몰의 선두주자. 사랑스러운 디자인을 자랑하는 아니카, 엠버, 엠버퓨어, 피치앤크림, 메리제인 등의 브랜드를 구비하고 있다. 백화점 못지않은 품질에 가격까지 착한 데다 빠른 업데이트와 배송 또한 빛을 발한다.

♦ 이루마의 물티슈 몽드드

옥션이나 G마켓, 11번가 등에서 구입할 수 있다. 특히 물티슈 워머는 신생아를 위한 완소 아이템. 겨울철 아이 엉덩이를 차가운 물티슈로 닦는 것이 마음에 걸렸다면 물티슈 워머를 사용해보자. 아이가 크고 나면, 손님용 물수건을 따뜻하게 데우는 데 사용해도 좋다.

♦ 마더가든 www.mothergardenkorea.com

장난감 전문 쇼핑몰로 인형 집, 가방, 지갑, 캐릭터 베개, 액세서리 등을 판매하는 사이트. 국내에서 유일하게 마더가든 정품을 판매하는 곳으로 오프라인 매장은 분당 정자동에 있다. 제품은 수작업으로 생산되며 위생법에도 통과된 제품이라 엄마들이 믿고 사용할 수 있는 것이 장점. 귀여운 디자인 또한 아이들의 마음을 사로잡기 충분하다.

스타일 맘,
몸매관리로 자신감을 찾다 03

이 장에서는 출산 후 다이어트와 제대로 된 식생활,
생활 속 다이어트 습관 등을 통해 평생 동안 스타일을 유지할 수 있는 비결에 대해 알아보자.

나를 사랑하는 Bad Mom이 되자

어느 날 아이와 놀이터에서 놀고 있는데, 옆 벤치에 앉은 아줌마들이 누군가의 흉을 보는 소리가 들렸다.

"몇 동 사는 ○○ 엄마 말이야. 아기가 이제 돌이 지났는데, 놀이방에 맡기고 일주일에 2번씩 문화센터에 재즈댄스 배우러 다닌다지 뭐야, 다이어트한다고."

"너무한 거 아니야? 갓난쟁이를 떼어놓고? 거참 나쁜 엄마네."

살짝 고개를 돌려 보니 세수를 했는지 안 했는지 모를 얼굴에 심하게 부스스한 머리까지. 스타일은 둘째치고 단정함과도 거리가 멀어 보이는 모습의 엄마들이 앉아 있었다.

그런데 얼마 후 우연찮게 재즈댄스를 배우러 다닌다는 그녀를 보게 되었다. 멋지게 소화한 트레이닝복에 깔끔하게 묶은 머리, 아이 엄마라고 볼 수 없는 늘씬한 몸매는 한눈에 감탄사가 튀어나올 정도였다. 그뿐만이 아니었다. 모르는 이웃에게까지 밝게 인사하는 그녀를 보면서 나는 놀이터에서 들은 아줌마들의 대화가 한낱 시기에 지나지 않았음을 알게 되었다.

'아, 저런 여자가 나쁜 엄마라니….' 자신을 사랑할 줄 아는 그녀는 진정 좋은 엄마이자 멋진 여자였다.

출산 후 3년간의 다이어트가 당신의 평생 모습을 좌우할 수도 있다. 아이를 가졌다고 열심히 먹고, 아이를 낳았으니 잘 먹어야 한다며 부지런히 먹고, 그러다 어느 순간 자기의 스타일을 포기해버리는 악순환에 빠지지 말자.

나도 임신한 동안 몸무게가 무려 17kg이나 늘었다가, 다행히도 출산 후 일 년 동안 꾸준한 다이어트를 통해 13kg을 감량할 수 있었다. 그리고 이 책을 쓰면서 별다른 운동을 하지 않았는데도 몸무게가 5kg이나 줄어들었다. 자신의 목표를 이루기 위해 집중하고 에너지를 쏟는 것 또한 엄청난 다이어트가 된다는 사실을 다시 한 번 절감할 수 있었다.

이 장에서는 출산 후 다이어트와 제대로 된 식생활, 생활 속 다이어트 습관 등을 통해 평생 동안 스타일을 유지할 수 있는 비결에 대해 알아보자.

스타일 맘은
출산 전부터 관리한다

그리 살쪄 보이지 않는데 실제 몸무게를 들으면 놀라게 되는 사람이 있다. 사실 몸무게가 많이 나가더라도 어느 정도 라인만 유지한다면 그리 둔해 보이진 않는다. 임신부도 마찬가지다.

갑자기 임신부가 웬 라인 타령이냐고 생각할지 모르겠지만, 임신 중 무리 하지 않는 선에서 꾸준히 운동해야 아이를 낳은 후 원래 몸무게로 돌아가 기 수월하다고 한다.

나도 아이를 낳고 다이어트를 하면서 '임신했을 때 조금만 더 신경 썼더 라면 지금 이렇게 힘들진 않을 텐데' 하고 땅을 치며 후회한 경험이 있다. 갑작스러운 체중 증가는 산후 다이어트뿐 아니라 건강에도 좋지 않다. 임 신 기간 동안 체중은 조금씩 천천히 늘어야 정상이다. 과체중인 예비맘이 라면 더더욱 미리미리 관리해야 한다.

따라서 임신 초기부터 체중 관리 플랜을 짜되, 살을 빼는 다이어트가 아 닌 '체중조절'에 초점을 맞추자. 임신부의 영양섭취와 체중관리, 운동에 대한 세부적인 조언은 뒤에 나올 '임신부를 위한 10개월 영양 플랜'에서 자세히 다룰 예정이다.

놓칠 수 없는 임신부 피부관리

피부는 감추기 힘든 부분이기 때문에 조금만 트러블이 생겨도 민감해질 수밖에 없다. 아이를 가지면 몸의 모든 곳이 변하면서 피부에도 변화가 일어나기 때문에 보다 각별한 관리가 필요하다.

그중에서도 가장 신경 써야 하는 부분이 바로 튼살이다. 임신을 하면 급격하게 체중이 증가하면서 살이 트기 쉽다. 한 번 튼 살은 원래대로 돌아오지 않기 때문에 임신 초기부터 살이 트지 않도록 철저히 대비하자.

튼살을 예방하는 데는 튼살 방지용 오일이나 크림을 이용한 마사지가 가장 효과적이다. 매일 저녁 샤워를 마치고 튼살 방지용 오일로 마사지하는 것을 잊지 말자. 마사지는 얼굴에서 종아리로, 즉 위쪽에서 아래쪽으로 하는 것이 좋다. 임신 후기에 접어들수록 종아리까지 마사지하는 것이 힘들겠지만 아무리 피곤하다 해도 배와 엉덩이, 허벅지만은 빼먹지 말 것!

오일로 마사지한 후에 물로 가볍게 씻어내고 다시 튼살 방지용 크림을 발라 이중으로 방지한다면, 튼살이 생기려야 생길 수도 없을 것이다.

튼살 다음으로 피부 변화가 큰 곳은 다름 아닌 발뒤꿈치다.

임신 전까지만 해도 목욕탕에서 나이 드신 아주머니들의 발뒤꿈치가 심하게 벗겨진 것을 볼 때마다 '대체 왜 그런 걸까….' 하고 의아한 생각이 들곤 했다. 하지만 내 발뒤꿈치도 예외는 아니었다. 멀쩡했던 발뒤꿈치가 임신과 출산을 거치면서 무시무시하게 갈라지기 시작한 것이다.

처음 발뒤꿈치가 벗겨졌을 때 소스라치게 놀라 집 앞 피부과에 갔더니 의사 선생님 왈(曰), 앞으로 더 심해졌으면 심해졌지 덜하진 않을 거라는 것이다. 얼마나 끔찍하던지.

그다음부터는 풋크림을 듬뿍 바른 후에 양말을 신고 자거나, 페디큐어 샵에서 관리를 받곤 했다. 양말을 신는 게 유독 답답하거나 관리에 드는 비용이 부담스럽다면, 발뒤꿈치용 패치를 붙이거나 발의 뒤쪽만 트인 양말을 신어보자. 조금만 부지런하면 여름에 자신 있게 맨발을 드러낼 수 있다!

마지막으로 꼭 자외선 차단제를 사수하라고 권하고 싶다.
사실 자외선 차단제는 임신부뿐 아니라 모든 이에게 필요한 제품이다. 피부과 의사에게 무인도에 어떤 화장품을 가져가겠냐고 물었더니 주저하지 않고 자외선 차단제를 골랐다는 얘기가 있을 만큼, 자외선 차단제는 피부관리의 필수품이다.
임신 기간에는 호르몬의 작용으로 기미나 주근깨가 더 쉽게 생기기 때문에, 차후 피부관리에 들어갈 비용을 생각해서라도 자외선 차단제를 잊지 말고 발라줘야 한다.
다만 임신 초기에는 자외선 차단지수(SPF)가 높은 것보다 SPF가 15~20 정도 되는 제품을 2~3시간 간격으로 덧바르는 것이 좋다. 아무것도 안 바른 얼굴로 외출하는 것만큼 최악의 상태는 없다. 쌩얼이 아닌 '쌩얼 메이크업'이 괜히 있는 게 아니다.

산후 탈모, 미리미리 예방하기
임신을 계획하고 있다면 미리 미용실에 다녀오자. 전문가들마다 조금씩 의견이 다르긴 하지만, 보통 임신 20주까지 펌이나 염색을 해서는 안 되며 출산 후 6개월까지도 가능한 한 하지 않는 것이 좋다고 한다.

최소 6개월 동안 헤어 스타일을 바꿀 수 없다는 점을 감안해 곱슬머리라면 생머리를, 생머리라면 평소 하고 싶었던 스타일의 펌을 해보자. 일반적으로는 본인이 관리하기 편한 스타일이 최고다.

하나 덧붙이자면, 새로 자라는 머리와 염색한 머리가 다르면 지저분해 보이므로, 임신을 준비하는 동안 원래의 머리 색깔로 되돌려놓아야 나중에 후회하지 않는다.

임신 중 기분 전환으로 헤어 스타일을 바꾸고 싶을 때면 펌 대신 커트 서비스를 받는 것도 좋은 방법이다. 미용실의 염색약 냄새를 맡는 것조차 찜찜하다면, 아침 일찍 모닝 서비스를 이용해보자. 착한 가격과 여유로운 분위기에 한결 기분이 상쾌해질 것이다.

헤어 스타일만큼이나 중요한 것이 모발 관리다. 임신 중에는 피지 분비가 늘어나 비듬도 많이 생길뿐더러 두피도 지저분해지기 쉽다. 따라서 배가 나와 머리를 감기 불편하더라도 매일 감아주는 것이 좋다.

그다음으로 심각한 것이 바로 산후 탈모다. 출신 후 덕쳐올 문세이신 하지만, 집안에 유전적인 탈모는 없는지, 탈모를 예방하기 위해 무엇을 섭취해야 좋은지 미리 알아둘 필요가 있다.

임신과 출산을 경험한 산모라면 누구나 머리를 감을 때마다 뭉텅이로 빠지는 머리카락을 보며 경악한 경험이 있을 것이다. 나 같은 경우에는 머리가 길어서 유독 더 많이 빠지는 것처럼 느껴졌다. 며칠 동안 머리카락이 임청나게 빠지는 걸 보며 당황스러워하다 의사 선생님을 찾아갔더니, 임신 중 호르몬 변화로 인해 출산 후 한꺼번에 빠지는 것이니 안심해도 좋다고 말씀해주셨다.

일시적인 산후 탈모는 짧으면 100일까지, 길게는 일 년까지 계속된다. 유전적인 탈모가 아니면 특별히 걱정할 필요는 없겠지만, 일 년 넘게 탈모가 계속될 경우 스트레스가 과도하거나 영양 섭취에 문제가 있는 건 아닌지 체크해보아야 한다.

최근에는 지나친 다이어트로 인한 영양불균형 때문에 산후 탈모가 지속되는 케이스가 많다고. 초기에 적절히 대처하지 못하면 여성형 탈모로 발전할 수 있으니 문제가 생기면 즉시 전문가의 도움을 받는 것이 좋다. 참고로 검은깨나 검은콩, 하수오 등을 우유와 함께 갈아 마시면 탈모는 물론 새치 예방에도 좋다. 단백질 음식인 우유, 달걀, 콩 등은 전반적으로 탈모에 효과적이다.

방심하기 쉬운 임신부 치아관리

임신부가 느끼는 가장 큰 변화 중 하나가 바로 치아. 임신 기간에는 호르몬 변화로 잇몸에 염증이 생기기 쉽고, 입덧으로 침의 산도가 높아져 충치가 생길 확률도 높아진다. 체온이 증가해 입안이 세균이 번식하기 좋은 상태로 변하는 것도 철저한 치아관리가 필요한 이유다. 따라서 임신부라도 정기적으로 스케일링을 받는 것이 좋다.

보통 임신 중에는 치과 치료를 받으면 안 된다고 알고 있기 때문에, 많은 임신부들이 치아가 심각하게 망가진 후에야 치과를 찾는 경우가 많다. 더구나 모유 수유를 할 경우에는 충치가 있어도 방치기간이 길어져 자칫 낭패를 보기 쉽다.

나만 해도 임신을 준비하면서 미리 치과에 다녀왔었는데, 아이를 낳은 후에는 관리가 뜻대로 되지 않았다. 아이를 키우다 너무 피곤한 나머지 간혹 젖을 물린 채 그대로 잠들어버린 것이 화근이었다. 결국 충치가 생긴 후에야 눈물을 흘리며 병원을 찾았다.

그런데 내 하소연을 들으신 의사 선생님 왈, 임신 중에도 모유 수유 중에도 치과치료를 받을 수 있다는 것이 아닌가! 그때는 그냥 흘려듣고 말았는데 이번 책을 준비하면서 그 이야기가 떠올라 다시 한 번 자문을 구했다(친절하게 자문에 응해주신 푸른 치과 설재호 선생님께 지면을 빌려 감사드린다).

물론 임신 전에 미리 충치를 치료하면 좋겠지만, 여의치 않을 경우 임신 중기(임신 4~6개월)에 한해 치료를 받을 수 있다. 치아에서 느껴지는 통증 자체도 태아에게 상당한 스트레스를 미치기 때문에 산모뿐 아니라 태아를 위해서도 치료를 받는 것이 좋다고. 다만 임신 초기(3개월까지)에는 유산할 가능성이 있으므로 피하는 것이 좋고, 임신 후기(임신 7~10개월) 또한 조산할 위험이 있으므로 피해야 한다.

수유 기간의 경우 일반적인 치과 치료는 가능하다. 안전한 약물 복용을 위해 수유 중이라는 사실을 미리 알리면 태아에게 전해지는 약물(국소마취제, 진통제, 소염제 등)을 사용하지 않기 때문에 안심하고 치료를 받을 수 있다. 그러니 임신부라서 치과에 갈 수 없다는 잘못된 상식을 버리고 미리미리 관리하자.

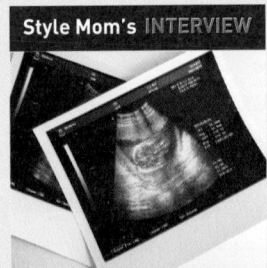

임신부를 위한
10개월 영양 플랜!

호산병원 김미하 원장 1994년 서울대학교 의과대학을 졸업하고 1999년 서울대학교병원에서 산부인과 전문의를 수료했다. 현재 서울대학교병원 산부인과 자문의이자 호산 산부인과에서 원장으로 근무하고 있다.

Question

임신부를 위한 적절한 영양섭취에 대해 알고 싶습니다. 얼마나 또 어떻게 먹어야 하는지도 궁금하고요.

임신 초기에는 300kcal, 그러니까 밥 반 공기 정도 더 먹으면 됩니다. 2인분은 오버입니다(웃음).

음식은 어떤 것이든 괜찮습니다. 5대 영양소를 골고루 섭취해야 하는 것은 일반인과 똑같으니까요.

요즘 아토피 때문에 단백질 섭취를 기피하는 경향이 있는데, 단백질은 사람 몸에서 만들어지는 영양소가 아니기 때문에 반드시 일정량을 섭취해야 합니다. 단백질은 좋은 피부와 근육을 형성하는 역할을 합니다. 단백질을 섭취할 수 있는 음식으로는 고기, 생선, 우유, 달걀 등이 있고, 그중 우유와 달걀은 매일 먹으면 좋습니다. 콩과 두부 또한 좋은 단백질입니다. 탄수화물의 경우 빵이나 과자보다는 고구마, 감자, 잡곡 등의 복합 탄수화물이 더 좋습니다. 지방은 뭐든 똑같고요. 다만 라면처럼 열량만 높고 영양분이 부족한 음식은 자제하는 것이 좋겠죠.

그럼 우유도 저지방 우유를 먹는 것이 좋은가요?

일반 우유와 저지방 우유의 지방 함량 차이는 매우 미미합니다. 일반 우유의 지방 함량이 3%인데, 그 3% 중에서 30%를 줄였다면 일반 우유와 거의 차이가 없는 셈이죠.

Question

한국 음식 가운데 특별히 조심해야 하는 것이 있을까요?

한국 음식은 맵고 짠 편인데, 매운 것보다 짠 음식이 위험합니다. 되도록 싱겁게 먹는 편이 좋고, 임신하면 위산 분비가 늘어 속이 쓰릴 수 있으니 더더욱 자극적인 음식을 피해야 합니다.

Question

입덧에는 어떤 음식이 좋을까요?

입덧에는 약이 없습니다. 보통 12주까지 입덧이 심한데, 입덧에는 시원한 음식이나 크래커, 바게트가 좋고 향신료가 많은 음식은 오히려 입덧을 자극합니다. 입덧이 심하다고 안 먹는 것보다 잠깐이라도 먹고 싶은 게 있다면 조금씩 자주 먹는 것이 좋습니다.

저는 커피를 너무 좋아하는데 임신 기간 동안 마시면 안 된다고 해서 스트레스를 받았거든요. 아주 가끔만 마셨고요. 정말 임신부가 커피를 마시면 안 되나요?

커피는 미국인 기준으로 하루에 4잔까지 가능합니다. 한국인 기준으로는 하루에 한 잔까지 가능합니다. 먹고 싶은데 못 먹으면 자꾸 생각나는 게 임신부의 특징이거든요. 먹고 싶다는 것은 몸에서 필요하다는 신호이고요. 그래서 너무 참는 것보다는 적당량을 먹는 것이 오히려 정신 건강에 좋습니다. 다만, 프림보다는 우유를 권합니다.

Question

와인은 어떤가요?

(단호하게) 술과 담배는 절대 안 됩니다. 와인도 당연히 안 됩니다. 어른 몸에서 술은 배설되지만, 아이들은 그렇지 않습니다. 태아도 마찬가지죠. 이것이 쌓이면 간과 뇌세포가 파괴됩니다. 지속적으로 마시는 건 물론이고, 폭음도 절대 금합니다.

Question

임신 기간 동안 변비에 도움이 되는 음식은 무엇인가요?

변비에는 푸룬(말린 자두) 주스가 도움이 됩니다. 대신 굉장히 달기 때문에 시원한 상태로 마셔야 좋습니다. 그 밖에 유산균 요구르트와 아침에 시원한 물 2잔, 밤에 미지근한 물 2잔을 마시면 도움이 됩니다. 화장실 가는 시간도 되도록 규칙적으로 정해주어야 하고요.

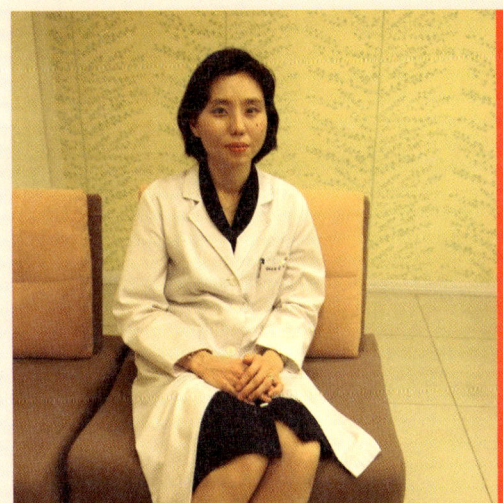

딸아이를 가졌을 때 10개월 내내 조언해주시고 딸과의 첫 만남을 도와주신 김미하 선생님께 스타일 맘들을 위해 의학적 자문을 구하게 되었다.
명쾌한 답변과 차분한 설명을 곁들여주신 선생님께 다시 한 번 감사드린다.

통상 일주일에 3번 변을 보면 정상이고, 2번이 안 되면 변비라 규정합니다. 임신 중에는 아무리 힘들더라도 장운동을 돕는 약은 금물입니다. 관장도 출산 전에 하는 거니 그때까지는 참아야 합니다.

Question

10개월 동안 임신부의 적당한 체중 증가를 알려주세요.

원래 체중이 나갔던 분들이 덜 느는 편이고, 마르고 왜소한 분들이 오히려 체중 증가량이 많습니다. 평균적으로 12주까지는 변화가 많지 않습니다. 입덧으로 빠지기도 하고, 늘어도 1~2kg 정도입니다. 16주에 접어들면서 본격적으로 양수 무게와 혈액량이 많아집니다. 한 달에 평균 4kg, 24주째부터는 한 달에 평균 2kg씩 증가합니다.

Question

운동은 언제부터 하면 좋은가요?

운동은 12주부터 좋습니다. 임신하면 자연적으로 자궁이 쉽게 수축되는데, 이때 운동하면 무리가 옵니다. 12주까지는 하던 운동도 중단해야 합니다. 나중에 안정기가 되면 임신부 요가나 스트레칭, 숨차지 않을 정도의 수영을 권합니다. 집 근처에서 걷는 것도 좋은데 시간은 30분 정도가 적당합니다.

임신 7개월에 접어들면, 식사 직전에는 저혈당이 되고 식사 직후에는 고혈당이 되기 때문에 운동을 하는 타이밍이 중요합니다. 식사 직후에 운동하면 체중조절에도 도움이 되고 고혈당도 낮출 수 있으니까요.

Question

임신 기간에 복용하면 좋은 영양제로는 어떤 것이 있을까요?

엽산은 임신하기 3개월 전부터 임신 후 한 달까지 먹습니다. 엽산은 신경계통 기형을 대비해 섭취하는 것이지만, 실제로 한국인 중에는 발생빈도가 낮습니다. 사실 한식을 섭취하면 굳이 먹을 필요가 없는데, 식생활이 서구화되면서 엽산이 부족한 경우가 많아졌기 때문에 예방 차원에서 섭취하는 것이죠. 하지만 기존에 기형아를 가졌던 분이라면 일반 산모의 10배 정도 되는 엽산을 섭취해야 합니다.

철분제는 16주부터 모유 수유 전까지 먹으면 좋습니다. 중요한 것은 철의 함량입니다. 철 함량이 높은 철분제를 과다복용하면 소화불량에 걸리기 쉽고 변비까지 생기니, 40mg인 산모용 철분제를 사야 합니다. 철분제는 음식으로 섭취할 수 있는 양이 아주 미미하기 때문에, 음식을 통해 철분을 섭취하는 것보다는 철분제를 복용하는 것이 효과적입니다. 요즘은 철분주사도 많이 맞는데 2~3주에 한 번 정도 맞으면 충분합니다.

칼슘은 오히려 수유기 때 먹는 것이 좋습니다. 주의해야 할 점은 철분과 칼슘을 같이 복용해서는 안 된다는 사실입니다. 오히려 서로에게 방해가 되니, 만약 같이 먹으려면 2시간 이상 간격을 두고 복용해야 합니다.

나이 많은 산모가 특별히 조심해야 하는 부분이나 신경 써야 할 부분이 있을까요?

35세를 기준으로 임신율, 유산과 조산, 임신합병증의 빈도에 많은 차이를 보입니다. 이는 나이가 들어가면서 난자도 나이가 들고, 염색체 수나 구조 이상이 일어날 가능성도 높아지는 등, 전반적인 건강 상태가 변하기 때문입니다. 임신 전 미리 항산화 작용이 있는 비타민도 복용하고 스트레스도 줄이고, 전반적인 건강상태를 체크한 후에 임신을 하는 것이 좋습니다. 나이 많은 산모의 경우 반드시 태아의 염색체검사나 정밀검사 등을 받아야 하며, 유산이나 조산의 위험을 줄이기 위해 무리한 활동은 피하고 되도록 안정을 취하는 것이 좋습니다.

끝으로 초보맘을 위한 '건강관리 팁'을 부탁드립니다.

우선 무엇보다 건강한 엄마가 되는 데 치중해야 합니다. 음식도 골고루 잘 먹고, 긍정적인 생각을 많이 하고, 가끔 운동도 해주고요. 출산 후 아무런 불편한 증상이 없어도 6개월 내지 일 년 간격으로 검진을 받는데, 이때 자궁경부암 검사나 초음파검사를 받아야 합니다. 출산 후 생길 수 있는 빈혈이나 갑상선 질환을 대비해 혈액검사를 받길 권하고요, 유방암 검진은 젖을 뗀 후 반드시 받아보는 것이 좋습니다.

출산 후 3년이
스타일을 결정한다

출산 후 여자의 스타일을 결정짓는 가장 중요한 요소는 뭐니뭐니해도 '다이어트'다.

이때 다이어트는 보통 다이어트와는 남다른 의미를 갖는다. 무엇보다 바닥까지 떨어진 '자신감'을 회복하는 데 큰 도움이 된다.

나부터도 출산 후 달라진 내 몸을 보며 자꾸만 매사에 자신이 없어졌다. 어딘지 모르게 몸의 라인이 달라진 것도 서러운데 체중도 쉽게 줄지 않으니 기분까지 우울해졌다. 이러한 상황이 심각해지면 산후우울증을 겪기도 한다. 외모로 인한 자신감의 상실이 자존감 저하와 우울증으로 이어지는 것이다.

산후 다이어트는 몸매관리뿐 아니라 건강을 챙기는 다이어트라는 점에서도 매우 중요하다.

흔히 산후조리와 다이어트를 반대되는 개념으로 여기는 사람들이 많은데 이는 크게 잘못된 생각이다.

자칫하다가는 산후 비만이 평생 비만이 될 수 있다. 산후조리의 중요한 미션 중 하나가 바로 '비만예방'임을 잊지 말자!

출산 후 다이어트만 성공하면 스타일도, 건강도, 자신감도 회복할 수 있다. 아니, 아이 낳기 전보다 더 예뻐질 수도 있다!

그렇다면 대체 어디서부터 어떻게 시작해야 좋을까?

출산 후 다이어트 필승 법칙

아이를 낳은 후 모유 수유 때문에 먹고 자고를
되풀이하다 보면, 살이 빠지기는커녕 몸의 붓기도
그대로인 것 같다. 혹시나 하는 마음에 체중계에 올라갔
다 역시나 하며 내려올 적마다 어찌나 절망스럽던지.
운동을 해야 살이 빠지는 건 알지만, 온종일 아이를
돌봐야 하는 전업맘이나 직장에 나가야 하는 워킹맘
이나 따로 운동할 시간을 내기 어려운 건 마찬가지다.
수영이나 피트니스 센터는 그야말로 꿈 같은 얘기다.
이때 생활 속에서 쉽게 실천할 수 있는 다이어트 원칙과 목
표를 세운 다음 꾸준히 실행해보자. 이것만 지켜도 다이어트
의 절반은 성공한 셈이다.

무엇보다 산후 조리 기간에 과도한 열량을 섭취하지 말자.

그중에서두 가장 경계해야 할 점은 바로 이것! '밥과 미역국은 많이 먹을
수록 좋다'는 어른들 말씀이다.

아이는 엄마에게서 필요한 만큼의 열량만 가져가기 때문에, 지나치게 많
이 먹을 경우 남은 열량이 고스란히 엄마의 옆구리나 배, 허리, 허벅지 등
에 지방으로 남게 된다.

먹더라도 미역만 건져먹고 국물은 조금만 먹자. 미역을 반찬처럼 먹는 것
도 좋은 방법이다. 미역국을 세끼 내내 먹는 것도 모자라 간식처럼 먹는

사람들이 있는데, 뒤늦게 후회 말고 적당히 먹자. 미역국에 질려 다른 주전부리에 손이 간다면 다이어트는 이미 물 건너간 것!

무엇보다 모유 수유를 핑계로 지나치게 먹지 말자. 우리가 잘못 알고 있는 상식 중 하나가 (돼지 족을 우려낸 물 같은) 고열량 음식을 먹어야 모유가 잘 나온다는 것인데, 모유는 98%가 수분이므로 물만 많이 마셔도 모유 양은 해결된다. 생수를 마시다 질리면 보리차나 옥수수차 등 다양하게 바꿔가며 마시자.

모유 수유를 핑계로 많이 먹으면 살이 찔 위험이 있지만, 출산 후 살을 빼는 데는 모유 수유만 한 것이 없다.

모유 수유로 인해 하루에 700~800kcal의 열량이 소모되는데, 그중 300kcal 정도가 산모의 허벅지나 엉덩이에 축적된 지방에서 나온다고 한다. 실제로도 모유 수유를 한 산모가 그렇지 않은 산모보다 6개월 후에 3kg, 일 년 후에 3.5kg 정도 체중이 덜 나간다고. 고열량 식단만 피하면 모유 수유야말로 최고의 출산 후 다이어트가 아닐까.

출산 후 백일부터 일 년이 가장 중요하다. 이때 살을 빼지 못하면 평생 비만이 될 수도 있다는 비장한 각오로 꾸준히 운동하는 습관을 길러보자. 특별한 운동이 아니어도 좋다. TV를 보면서 가볍게 스트레칭을 하거나 틈틈이 훌라후프만 돌려도 다이어트에는 큰 도움이 된다. 몸이 어느 정도 가벼워진 기분이 들면, 아파트 계단을 오르내리거나 유모차를 끌고 정기적으로 산책을 나가보자. 어떤 운동이든 30분 이상 하겠다는 마음가짐이 중요하다.

그래도 쉽지 않다면 비슷한 시기에 아기를 낳은 다이어트 친구를 사귀는 것도 좋은 방법이다.

다이어트의 가장 좋은 경쟁자는 자신이지만, 초보맘들의 몸과 마음은 그리 강하지 않다. 이때 마음이 맞는 다이어트 친구와 선의의 경쟁을 해보자. 만날 시간이 없다고? 우리에겐 인터넷과 전화가 있다. 정보와 상황을 교환하는 것만으로 서로에게 큰 힘이 되어줄 것이다.

이제 꾸준히 운동하는 것에 익숙해졌다면 본격적인 운동에 돌입하자.
자기가 닮고 싶은 모델이나 배우의 사진을 붙여놓고 하루하루가 다이어트의 시작이자 마지막이라고 생각하면, 동기부여가 '팍팍' 된다.

남편이나 가족에게 양해를 구한 후 피트니스 센터에 등록하면 좋겠지만, 여의치 않을 경우 다이어트 비디오를 사놓고 따라 하는 것도 좋은 방법! 특히 직장맘이라면 다만 10분이라도 좋으니 퇴근길에 십 수변을 빠르게 걸어보자. 일단 집에 돌아오면 하루 종일 아이를 보지 못했기 때문에 운동하러 나가기가 더더욱 쉽지 않다.

운동뿐 아니라 음식에도 각별히 신경을 써야 한다. 대신 체중은 일주일에 한 번만 잴 것! 체중계에 너무 자주 올라가면 오히려 조바심 때문에 역효과가 날 수 있다. 내 몸을 좀 더 정확히 알고 싶다면, 체지방과 허리둘레를 *꾸준히* 체크하자.

일 년 안에 원래 몸무게로 돌아가지 않는다 해도 너무 실망하지는 말자.

사실 좀처럼 마음먹은 대로 되지 않는 것이 다이어트다. 죽을 때까지 매일 매일 하는 거라 생각하면 지겨울 수도 있겠지만, 내 스타일을 관리해주는 좋은 친구라 여기면 다이어트가 사랑스럽게 느껴질지도.

아이를 키우는 데 어느 정도 요령이 생겼다면, 단기간에 살을 빼기보다 다이어트를 즐긴다는 마음으로 운동을 시작해보자. 재즈댄스도 좋고, 요가도 좋고, 밸리댄스도 좋다. 운동은 절대 우리의 몸을 배반하지 않는다!

남편은 최고의 다이어트 도우미

사실 이 챕터는 아내를 위한 챕터라기보다 남편을 위한 챕터다. 다이어트는 혼자서 하는 건데 무슨 소리냐고 할지 모르겠지만, 출산 후 다이어트에 성공하려면 절대적으로 남편의 도움이 필요하다.

혹시 예전에 유행했던 모 CF 대사를 기억하는가? '남자는 여자 하기 나름이에요!' 그 말처럼 날씬하고 스타일리시한 아내는 남편 하기 나름이다!

산후 백일까지는 아내의 건강을 최우선으로 생각하자.

초보맘에게 산후 백일은 건강상으로도 정서상으로도 가장 중요한 시기다. "결혼 전에는 참 날씬했는데…", "이제 당신도 아줌마 다 됐네."라며 무심코 내뱉는 말이 당신의 아내에게 얼마나 상처가 될지 생각해 본 적이 있는가? 독설은 다이어트에 도움이 되지 않는다. 오히려 독이 될 뿐이다. 급한 마음에 무리하지 않도록 당신이 최고라며 아내의 용기를 북돋워주자.

바쁜 아내에게 저녁마다 운동할 시간을 선물하자!

출산 후 다이어트를 시작한 아내에게 부족한 것은 의지가 아니라 '시간' 이다. 워킹맘은 아이와 함께 시간을 보내지 못한 미안함에, 전업맘은 아이를 돌보느라 따로 운동하기가 쉽지 않다.

당분간 개인적인 약속은 자제하고 일찍 퇴근해 아내 대신 아이를 돌보자. 회사일이 바쁘다면 하루에 30분이라도 좋다. 30분은 생각보다 긴 시간이다. 동네 한 바퀴를 돌 수도 있고, 아파트 계단을 오르내릴 수도 있고, 집 근처에서 줄넘기를 할 수도 있다.

예전에 알고 지내던 언니는 남편이 새벽에 일어나 아이를 대신 봐준다고 했다. 언니는 덕분에 집 근처 피트니스 센터에서 편하게 운동할 수 있었는데, 다이어트에 마음껏 집중하던 언니의 모습이 너무나 부럽고 좋아 보였다. 물론 아이를 봐주는 것 말고도 아내의 다이어트를 도울 수 있는 방법은 얼마든지 있다.

그중 하나가 아내와 식사 패턴을 맞추는 것! 여자들이 결혼하면 살이 찌는 이유 중 하나가 남편이 올 때까지 저녁을 안 먹고 기다리기 때문이다. 늦은 저녁식사는 가능하면 피하자. 일찍 퇴근하기 어렵다면 당분간 혼자 먹는 것에 익숙해질 필요가 있다.

마지막으로 다이어트 목표에 한걸음씩 다가설 때마다 아내가 갖고 싶은 것을 선물하면 어떨까. 보상이 따르는 다이어트는 아무래도 즐겁기 마련이다. 대단한 선물이 아니어도 좋다. 중간에 힘이 빠지지 않도록 든든한 후원과 격려를 아끼지 말자.

스타일 회복의 적, 마음의 감기 '산후우울증'

어느 초보 아빠가 물었다.

"며칠 전 평소보다 두어 시간 늦게 퇴근했는데 아내가 저를 보자마자 갑자기 울더라고요. 혹시 내가 서운하게 한 게 있냐고 물었더니, 자기도 왜 그런지 모르겠다면서 더 심하게 우는 거예요. 이럴 땐 대체 어떻게 해야 하나요?"

그 시기를 겪은 아이엄마가 대답했다.

"사람마다 차이는 있겠지만 복합적인 이유가 아닐까요. 산후조리원에서는 엄마가 할 일이 별로 없어요. 집으로 돌아와서야 비로소 엄마가 되었다는 사실이 실감나죠. 하루 종일 말 한마디 할 사람도 없는데, 아이가 계속 울어대면 따라 울고 싶을 때도 있어요. 어디 그뿐인가요. 예전과 180도 달라진 몸은 쳐다보기조차 싫어요. 남편에게 보여주고 싶지도 않고요. 자기 한몸 추스르기도 벅찬 상황에서 말도 안 통하는 아이와 단둘이 남게 되니 남편에게 더욱 의지하게 되는 거죠."

'산후우울증'은 모든 것이 변했다는 불안감에서 비롯된다. 엄마 노릇은 힘들기만 하고 앞으로 잘할 수 있을지 자신도 없다. 무엇보다 예전의 내 모습을 되찾을 수 있을지 자꾸 초조하기만 하다.

산후 피로나 관절통 등의 육체적 피로 또한 산후우울증을 부추기는 원인이 된다. 한양대학교 가정의학과 박훈기 교수는 산모라면 누구나 산후 피로를 겪는다고 말한다. 아이는 자꾸 밤에 깨고, 집안일은 많아지고, 책임감까지 늘어나면서 몸도 마음도 피곤해진다는 것이다.

여러 가지 이유로 산후우울증이 심해지면, 시도 때도 없이 눈물이 나거나 자신이 초라하고 무능력하게 느껴진다. 나아가 모든 게 귀찮기만 하고 괜히 누구든 원망스럽기만 하다.

산후우울증이 심각한 이유는 본인 혼자만의 문제가 아니기 때문이다. 엄마가 건강하지 못하면 아이를 제대로 돌볼 수 없을 뿐 아니라 가정의 행복에도 빨간 불이 켜진다. 아이의 미래와 가정의 행복을 위해서라도 산후우울증의 기미가 보이면 하루빨리 떨쳐버리도록 노력해야 한다.

이때 주위 사람들의 각별한 배려가 요구된다. 쇠약해진 초보맘에게 충분한 휴식을 선사하자. 끊임없는 애정과 관심을 표현하자. 아마 그것만으로도 언제 그런 일이 있었냐는 듯 좋아질 것이다. 모든 것은 서서히 회복된다. 혼자서만 겪는 일도 아니고 영원히 계속될 일노 아니기 때문에. 모든 일은 마음먹기에 달려 있다. 다만 본인의 마인드 컨트롤도 중요하지만, 남편의 관심과 사랑이 산후우울증을 치료하는 데 큰 역할을 한다는 점을 잊지 말자.

스스로 산후우울증을 이겨내는 방법과 아내의 산후우울증을 없애기 위해 남편이 할 수 있는 일들을 다음과 같이 정리해보았다. 다음에 나오는 생활 수칙대로 슬겁게 생활한다면 산후우울증이 발붙일 틈조차 없을 것이다.

산후우울증 극복하기

초보 엄마의 산후우울증 대처법

♦ 거울을 보고 웃으면 행운이 들어온다는 말이 있다. 매일 아침마다 거울을 보면서 활짝 웃어보자. 잘 나온 자기 사진을 자주 꺼내 보는 것도 마인드 컨트롤에 도움이 된다.

♦ 옷장 정리나 책 정리, 소품 정리, 냉장고와 그릇 정리, 신발장 정리 등 일주일에 한 가지씩 차근차근 정리해보자. 물건을 정리하면 마음까지 정돈된다. 무언가 잔뜩 쌓여 있는 느낌은 우울감을 주기 쉽다.

♦ 하루에 10분, 일주일에 한 번이라도 좋으니 일기를 쓰자. 미니홈피나 블로그에 혼자 볼 수 있는 일기장을 만들어보자. 지나고 나면 전부 소중한 추억이 된다.

♦ 일주일에 하루는 인터넷을 하지 말고 온라인에서 벗어나보자.

♦ 의학적으로 가장 확실하고 효과적인 스트레스 해소법은 유산소 운동. 무리하지 않는 선에서 빠르게 걷기, 수영 등을 통해 에너지도 태우고 마음의 우울감도 떨쳐버리자. 혼자 운동할 때는 음악도 도움이 된다.

♦ 충분한 수면을 취하자. 아이가 우는 바람에 제대로 못 잔 날은 낮잠, 쪽잠으로라도 잠을 보충하자.

♦ 친한 사람들과 수다를 떨면서 스트레스를 날려버리자. 자신의 감정을 주변 사람에게 알리고 도움을 받자.

♦ 그달의 드라마나 영화나 코미디 프로그램을 정해놓고 정기적으로 울고 웃으며 스트레스를 풀자.

♦ 규칙적인 식사로 피곤함을 줄이고 건강을 되찾자.

- ♦ 아이는 자신의 분신이며 사랑으로 잘 키울 수 있다는 자신감을 불어넣자.

- ♦ 유모차를 끌고 운동하다가 아이가 잠들면 벤치에 앉아 책을 읽어보자. 책은 누구보다 좋은 친구가 되어줄 것이다.

- ♦ 무엇보다, 사는 것을 두려워하지 말자. 그것이야말로 우울증에 대한 최선의 방어이며 진실한 내가 되는 최선의 길이다. 나이가 들수록 진정한 자기 자신을 발견할 수 있을 것이다.

초보 아빠의 산후우울증 대처법

- ♦ 주말마다 아기를 데리고 가족 데이트를 한다. 가까운 공원도 가고, 고수부지에 가서 강바람이라도 쐬고 온다.

- ♦ 기념일은 절대 사수한다! 특히 아내의 생일이나 결혼기념일 등은 다른 날보다 각별히 신경 쓰자. 중요한 것은 의무감이 아니라 진심을 담아야 한다는 것!

- ♦ 남편들이여, 전화비를 아끼지 말자. 아무리 무뚝뚝한 남편이라도, 연예인보다 더 바쁜 남편이라도 전화로 자주 안부도 묻고 재미있는 이야기도 들려줘라. 대신 아이가 자는 시간은 알아서 피하자.

- ♦ 아내에게 하루에 30분이라도 운동할 시간을 마련해주자.

- ♦ 아내를 위해 맛있는 요리를 만들어주자. 가끔 맛보는 남편의 떡볶이가 아내에게는 가장 큰 즐거움이 될 수 있다. 요리를 못한다면 이번 기회에 배워보는 것도 나쁘지 않다!

- ♦ 육아는 절대 아내만의 몫이 아니다. 자신이 도울 것이 없는지 항상 물어보고 아내에게 혼자만이 시간을 선물해주자.

말하기 쑥스러운 부부의 성

'부부의 성은 임신 앞에서 끝이 아니라 또 다른 시작이다.'

임신 기간에는 안정이 필요한 임신 초기와 후기를 제외하고는 언제든 성관계가 가능하다(간단한 상식이지만 물어볼 사람이 마땅치 않은 분들을 위해 밝힌다).

출산 후 성관계가 가능한 시기는 회음부의 상처회복과 초보맘의 컨디션에 따라 달라진다. 보통 6~8주 후면 가능하지만 사람에 따라 상처가 더디게 아무는 경우도 있으므로 담당 의사에게 살짝 물어보도록 하자.

사실 출산 후 성생활에서 가장 중요한 것은 아내를 이해하려는 남편의 노력일 것이다.

아이를 낳은 후 아내의 성관계 회피로 갈등을 겪는 부부가 많다고 하는데, 남편은 아내가 왜 그러한 태도를 보이는지부터 이해해야 한다. 적어도 출산 후 일 년 동안은 아내가 소극적으로 나오더라도 짜증만 낼 것이 아니라, 아내가 겪고 있을 환경의 변화가 얼마나 힘든지를 공감하고 다독여야 한다.

여자는 엄마가 되면서 자연스럽게 성에 대한 관심이 줄어든다. 본능적인 모성애가 가장 큰 이유가 아닐까 싶다. 10개월 동안 뱃속에 품고 있던 아이는 눈에 넣어도 안 아플 만큼 소중한 존재. 엄마의 관심이 온통 아이에게 쏠리는 것은 지극히 당연하다.

하지만 사랑이 크면 고통도 따르는 법. 아이를 키우는 일은 생각만큼 쉽지 않다. 아무리 사랑스러운 존재라 해도 아이를 키우면서 느끼는 스트레스는 이만저만한 것이 아니다. 결국 출산 후 밀려오는 정신적, 육체적 피로는 아내의 성욕을 떨어뜨린다. 호르몬 변화로 인한 산후우울증이나 달라진 몸매에 자신감을 잃고 관계를 회피하는 아내들도 있다.

이때 남편의 역할이 중요하다. 집에 일찍 와서 육아에 적극적으로 동참하는 등, 다른 방법으로 아내의 기분을 풀어주자. 물론 가벼운 스킨십이나 애정표현은 기본이다.

덧붙이자면, 단순히 피곤하고 귀찮다는 이유만으로 부부의 성을 미루지는 말자. 실제 제대로 잘 시간도 없는데 무슨 부부관계냐고 생각하는 부부들이 의외로 많다.

하지만 몸을 추스르기 바빠서, 아이에 올인하기 바빠서 누가 먼저랄 것 없이 미루다 보면, 부부라는 이름으로 맺어진 관계는 사라지고 평생 그렇고 그런 관계로 남을 수도 있다. 절대 '어쩌다 한번!'이 되지 말자. 그것 때문만은 아니지만 불만이 쌓여 싸움의 불씨가 될 수 있다. 정서적인 교감만큼 육체적인 교감도 중요하다. 모든 일에는 노력이 필요하다. 의무감 때문에 하지 말고 나부터 먼저 변화하자. 좀처럼 분위기를 잡기 어렵다면 아주 가끔이라도 좋으니 장소를 바꾸어보자. 당장은 낭비처럼 느껴질지 모르겠지만 나중에 드는 부부관계 컨설팅 비용에 비하면 아주 저렴한 투자일 것이다.

부부이기 때문에 언제나 마음만 먹으면 사랑할 수 있다는 오만함을 버리고, 오늘이 인생의 마지막 시간인 것처럼 아름답게 사랑하자.

스타일 맘을 위한 다이어트 요가

출산 전 동작

고양이 자세

역아(逆兒)를 바로잡고 자궁의 위치를 바르게 하며, 척추와 어깨의 긴장을 풀어주는 자세. 임신 기간 동안 변비를 예방하는 데 효과적이다.

기어가는 자세를 취한 후 양손과 무릎을 바닥에 댄다. ▶ 숨을 마시고 내쉬면서 엉덩이를 위로 밀고 가슴을 편안하게 내린다. ▶ 온몸의 힘을 빼고 호흡에 맞추어 천천히 몇 차례 반복한다.

나비 자세

골반과 고관절을 유연하게 하여 임신부의 분만을 돕는 자세. 골반과 허벅지 근육을 강화시킨다.

발바닥을 마주대고 앉은 후 두 다리를 회음부 가까이로 끌어당긴다. ▶ 양손을 깍지 끼어 발을 잡아준다. ▶ 숨을 내쉬며 몸을 앞으로 구부린다. ▶ 이마가 바닥에 닿으면 다시 이마부터 허리 순서로 몸을 들어올린다.

방아 자세

고관절과 골반을 수축하는 자세. 가능하면 나비자세와 이어서 하는 것이 좋다.

양 무릎을 왼쪽으로 접어준다. ▶ 머리 뒤에서 손을 깍지 긴 다음 팔꿈치와 가슴을 펴고 숨을 들이쉬고 내쉬며 천천히 오른쪽으로 기울인다. ▶ 통증이 느껴지면 멈추고 편안하게 호흡한다. ▶ 천천히 돌아와 반대쪽도 똑같이 되풀이한다.

벽에 다리를 올린 휴식 자세
다리의 부종을 없애고 혈액순환을 돕는 자세.
엉덩이를 벽에 붙이고 다리를 위로 올린 후 끝까지 펴서 편안하게 호흡하며 휴식한다. ▶ 다리가 굳어 있을 때는 엉덩이를 벽에서 떨어뜨려 다리를 올린다.

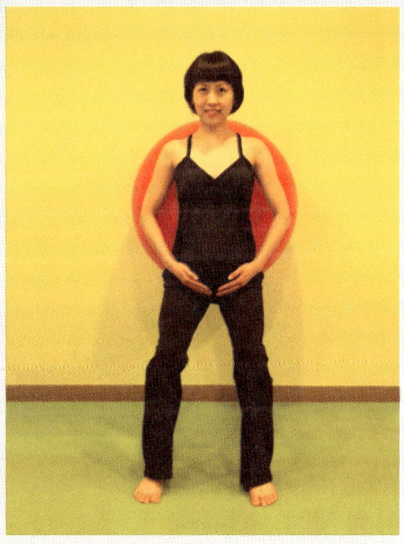

밴드를 이용한 어깨 돌리기
임신 6개월을 넘어서면 급격히 배가 불러오면서 척추가 변형되어 어깨의 통증을 유발한다. 이때 수건이나 밴드를 이용해 어깨를 천천히 돌리면서 긴장된 어깨와 가슴을 풀어주는 자세.
공 위에 앉아서 양손으로 밴드를 잡고 숨을 마시고 내쉬면서 천천히 뒤로 돌려준다. ▶ 급하게 돌리지 말고 어깨가 굳어 있는 부분에서는 천천히 호흡을 하면서 돌린다.

공을 이용한 무릎 굽히기
하체를 강화시켜주면서 아랫배에 힘을 길러 순산을 돕는 자세.
벽과 등 사이에 공을 놓고 기댄다. ▶ 숨을 마시고 내쉬면서 복부에 힘을 주고 천천히 무릎을 구부린다. 무리하게 내려가지 않도록 한다.

스타일 맘을 위한 다이어트 요가
출산 후 동작

아령을 이용한 가슴운동
모유 수유로 가슴이 처지는 것을 예방하고 굽은 등을 펴주는 자세
아령을 들고 두 팔을 구부리고 앉아 숨을 마시고 내쉬면서 얼굴 쪽으로 당겨준다. ▶ 어깨가 아프다 싶으면 팔꿈치를 아래쪽으로 내린다.

소머리 자세
출산 때문에 확장된 골반을 수축하여 탄력 있는 엉덩이 라인을 만들어주는 자세
무릎이 하나가 되게 양쪽 다리를 겹치고 앉는다. ▶ 숨을 마시고 내쉬면서 천천히 몸을 아래로 숙인다.

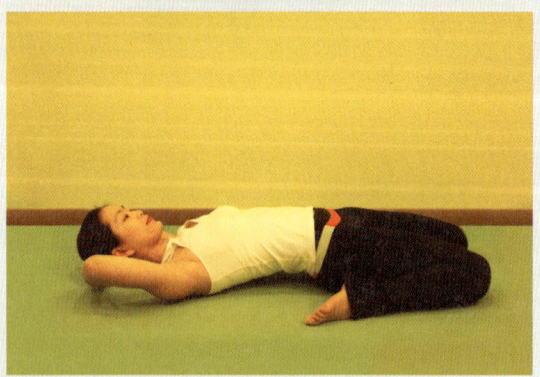

영웅 자세
척추를 바로 세우며 허벅지 군살을 제거하는 자세
두 다리를 M자 형태로 구부린 다음 뒤로 눕는다. ▶ 누울 때 발목이나 무릎에 통증이 느껴진다면 무릎을 살짝 바깥쪽으로 밀며 눕는다.

구름다리 자세
약해진 척추를 강화시키면서 처진 엉덩이를 올려주는 자세
등을 바닥에 대고 누워 두 무릎을 구부려 세운다. ▶ 숨을 마시고 내쉴 때 엉덩이를 천천히 위로 들어 올리며 복부를 수축시킨다. 이때 허리부터 올리지 않도록 주의한다.

공을 이용한 복부운동
출산으로 늘어진 복부를 탄탄하게 하는 자세
공에 몸을 기댄 채 무릎을 구부리고 숨을 마시고 내쉬며 가슴을 앞으로 들어올린다. ▶ 상체를 허리가 아닌 가슴까지만 들어올린다.

아령을 이용한 팔운동
탄력 있는 팔 라인을 만드는 자세
한 다리를 뒤로 보낸 런지 자세를 취한 다음 아령을 들고 숨을 마시고 내쉬면서 팔을 구부렸다 천천히 펴준다. ▶ 팔꿈치가 움직이지 않도록 고정시키는 것이 중요하다.

촬영협조 : 제스티 요가 http://zestyline.com
모델 : 표혜선, 오혜정

제대로 먹는 다이어트 원칙

매년 사람들의 새해 목표에서 빠지지 않는 것 중 하나가 다이어트다. 얼마 전 신문에서 '한국인 10명 중 7명은 다이어트 중'이라는 기사를 읽었는데, 이쯤 되면 다이어트 공화국이란 말이 맞는 것 같다.

인터넷만 봐도 '연예인 ○○, 몇 킬로그램 감량 성공'이라는 기사가 심심찮게 등장한다. 엄청난 체중 감량에 성공한 사람들이 TV 프로그램의 단골 손님이 된 것은 물론이다.

사람마다 상황이 다른 만큼 노하우도 경험담도 천차만별이지만, 그중 기억에 남는 건 잘 먹자는 얘기. '그래도 굶는 것보단 먹는 게 훨씬 쉽지 않을까?' 하는 생각에 잘 먹자는 이야기만 나오면 반가운 마음이 든다.

얼마 전에도 다이어트 프로그램을 보고 있는데, 모델처럼 날씬한 여자가 나와 이런 말을 했다.

"다이어트의 기본은 안 먹는 게 아니라 잘 먹는 거예요. 세끼를 꼬박꼬박 먹으면서 과식하지 않는 게 중요하죠. 저는 아무리 바빠도 아침은 꼭 챙겨 먹어요."

예전 같으면 그녀의 얘기가 그저 방송용 멘트로만 들렸을지도 모르겠다. 하지만 아이를 낳은 후부터 지금까지 5년 넘게 다이어트에 좋다는 것은 다 해본 결과, 규칙적인 식생활이 가장 중요하다는 사실을 몸으로 느끼게 되었다.

다이어트에는 운동 못지않게 식습관도 중요하다. 아무리 열심히 운동해도 제대로 먹지 않으면 별다른 효과를 보기 힘들다. 고열량 식사보다 균형

있는 식사가, 조금씩 자주 먹어 공복감을 해결하고 식탐을 줄이는 것이 무엇보다 중요하다. 살 뺀다고 굶다가 한꺼번에 먹으면 위만 늘어나 예전보다 더 많이 먹게 된다. 운동할 시간도 여유도 없다면 제대로 먹는 것부터 시작하자!

어떻게 먹을까?

먼저 하루 세끼를 규칙적으로 먹자. 아침, 점심, 저녁을 2 : 3 : 1의 비율로 하되, 가급적 과식은 피하고 그 사이에 영양분이 풍부한 간식을 조금씩 섭취하자.

무엇보다 아침을 절대 걸러서는 안 된다. 아침을 먹지 않으면 점심과 저녁을 더 많이 먹게 되는데, 저녁을 거하게 먹을 경우 몸에 '지방'으로 축적되기 쉽다. 저녁은 늦어도 오후 6시에서 7시 사이에 먹자. 저녁 늦게 배가 고플 경우 아몬드나 달지 않은 과일로 허기를 달래는 것도 좋은 방법.

먹는 습관도 중요하다. 부엌에 서서 대충 먹지 말자. 제대로 차려놓고 먹어야 천천히 오래오래 먹을 수 있다. 뇌가 포만감을 인식하기까지 보통 20분이 걸리는데, 15분 만에 밥 한 공기를 뚝딱 해치워버리면 배불러도 계속 먹게 된다. 살 안 찌기로 유명한 프랑스 여자들의 식사 시간은 무려 2시간에 달한다고. 먹는 데만 집중하지 말고 즐겁게 이야기하며 식사 시간을 조금씩 늘려가자.

무엇을 먹을까?

한식 위주로 먹되 탄수화물은 줄이는 편이 좋다. 밥은 반 공기 정도 먹는 대신 반찬을 골고루 먹자. 밥은 흰 쌀을 적게 넣은 잡곡밥이 좋다. 미역이나 다시마 등 해조류는 열량도 적고 신진대사도 활발해지는 음식으로 다이어트에 도움이 된다.

몸에 좋은 음식을 일일이 챙기기 힘들다면, 음식의 조리법만 바꿔도 효과가 있다. 기름으로 볶거나 튀기는 대신 찌고, 굽고, 데치는 요리법으로 바꾸어보자.

육아로 몸과 마음이 지친 초보맘들은 스트레스를 해소하기 위해 자극적인 음식을 찾는 경향이 있는데, 맵고 짠 음식일수록 밥을 많이 먹게 되니 주의해야 한다.

음식으로 스트레스를 풀고 싶다면 '샐러드 데이'를 정해두는 것도 좋은 방법. 샐러드는 맛도 좋고 포만감도 쉽게 느껴진다. 칼로리가 낮은 야채를 먹는다는 생각에 많이 먹어도 죄책감이 덜 들기 때문에 기분까지 좋아진다. 단, 소스를 지나치게 뿌릴 경우 칼로리가 전부 살로 가니 조심할 것!

당분간은 외식 메뉴에서 뷔페를 빼자. 뷔페는 왠지 적게 먹으면 손해라는 생각에 자신의 한계를 초과해서 먹게 된다. 가더라도 꼭 먹고 싶었던 음식이나 칼로리가 높지 않은 것 위주로 담자.

간식이나 후식은 피하자. 우유 한 잔도 과일 한 쪽도 자주 먹으면 엄청난 열량이 된다. 특히 후식으로 '다방 커피'를 마시는 일은 다이어트를 포기하는 것이나 마찬가지!

한 달에 한 번은 먹고 싶은 음식을 먹자. 고생한 자신을 위한 상이자 선물이라 생각하자. 너무 스트레스를 받는 것보다 가끔은 좋아하는 음식으로 달래주는 편이 낫다.

제대로 먹기 이전에 똑똑한 식(食)쇼핑이 필요하다!

마트에서 끌고 다니는 카트만 살펴봐도 그 가족의 건강상태를 알 수 있다. 좀 엉뚱한 이야기지만 강아지를 키워보면 강아지가 그날 무엇을 먹느냐에 따라 배설물이 달라진다. 좋은 음식을 먹은 날에는 털까지 윤기가 자르르 흐른다.

강아지도 그런데 하물며 사람은 어떻겠는가. 내가 먹는 음식은 내가 먹는 '영양제'라 생각하자. 마트에 가서는 몸에 좋은 음식 중에서 먹고 싶은 걸 고른다는 마음으로 장을 보자. 마지막에는 혹시 모르니 인스턴트 제품이 있는지 확인할 것! 당신의 장바구니에 가족의 건강이 달려 있다.

스타일 맘, 몸매관리로 자신감을 찾다

마트에 가기 전, 이것만 기억하자!

♦ 엄마 아빠의 우유는 저지방 우유로 바꾸자. 단, 아이에게는 지방이 뇌세 포 발달에 중요하니 두 돌이 지난 후 저지방 우유로 바꾸어도 늦지 않다.

♦ 과일도 살 안 찌는 과일로 골라서 사자. 당도가 있는 과일은 조금씩 사서 조금씩 먹자.

♦ 공짜라고 무조건 시식 코너를 탐내지 말자.

♦ 과자는 쳐다보지도 말자. 내가 못 끊는 습관은 아이도 닮는다.

♦ 빵이 먹고 싶을 때는 통밀 빵을 사서 아침식사 메뉴로 활용하자.

♦ 고기 대신 생선을 정기적으로 먹자. 고기를 좋아하는 사람은 야채와 꼭 같이 먹자.

♦ 라면은 아예 사지 않는 것이 가장 현명하다! 라면이 없어야 밥 대신 먹 는 일이 사라진다.

스타일 맘을 위한
초간단 다이어트 요리!

재료
명란쌈밥 : 밥, 명란
멸치국수 : 소면, 국물용 멸치,
다시마 약간, 조선간장, 마늘
양념
명란쌈밥 : 소금, 참기름, 고추
장, 깨소금
멸치국수 : 파, 마늘, 깨소금,
간장

담백하고 시원한 명란쌈밥 + 멸치국수

가로수길의 대표 브런치 가게 '오시정'의 참치쌈밥과 멸치국수를 응용한 요리.
쌈밥의 토핑으로 참치 대신 명란을 활용해보았다.

명란쌈밥 만들기
1. 밥에 약간의 소금과 참기름을 넣고 비벼준다.
2. 양념된 밥을 작게 뭉친 다음, 속에 고추장을 약간 넣는다.
3. 뭉친 밥 위에 명란을 작게 잘라 얹은 후 깨소금을 뿌리면 끝.

멸치국수 만들기
1. 멸치 한주먹과 다시마 약간을 넣고 국물을 우려내면 깔끔한 맛이 난다.
2. 국물이 우려지면 조선간장 1스푼과 마늘 1/2스푼 정도를 넣어 국물 맛을 낸다(1인분 기준).
3. 끓는 물에 소면을 삶은 후 찬물로 씻어 건져낸다.
4. 국물에 소면을 넣은 다음, 파, 마늘, 깨소금, 간장으로 양념장을 만들어 함께 낸다.

Body &
Health
TIP

재료 딸기, 다양한 야채
소스 딸기, 올리브유, 식초,
흑설탕

새콤달콤 딸기소스 샐러드

1. 접시에 다양한 야채를 담는다. 간단한 샐러드일수록 다양한 맛의 야채를 준비한다.
2. 적당량의 딸기와 올리브유, 식초와 흑설탕을 1/2스푼씩 넣고 갈아 소스를 만든다.
3. 슬라이스한 딸기를 야채에 얹은 후 준비된 딸기 소스를 뿌려주면 완성.

재료 삼겹살, 소금, 후추, 양파
소스 아몬드, 냉동 슬라이스 망
고, 식초, 흑설탕, 올리브
유 2스푼, 소금 약간

아몬드 망고소스 삼겹살 샐러드

1. 양파는 잘게 썰어서 얼음물에 담가놓으면 싱싱하고 아삭아삭한 맛이 나서 좋다.
2. 고기는 소금과 후추로 간을 한 다음 바싹 굽는다.
3. 아몬드 두세 움큼과 냉동 망고와 기타 재료를 갈아 소스를 만든 다음, 고기와 양파 위에 얹어 낸다.

재료 부침용 두부 반 모, 밥, 김, 새싹용 야채
양념 진간장 3스푼, 식초 2스푼, 깨소금 1스푼, 참기름 1스푼, 흑설탕 1/2스푼, 고춧가루 1/2스푼, 쪽파와 다진 마늘 1/2스푼

단백질 보충에 좋은 두부 스시

1. 밥에 새싹용 야채와 소금을 약간 넣고 비벼준 다음, 스시 모양으로 빚는다.
2. 두부를 밥 위에 올릴 만한 크기로 자른 후에, 프라이팬에 기름을 둘러 부쳐둔다.
3. 김을 얇게 잘라 밥에 띠를 둘러준다. 이 때 밥풀을 이용하면 더 쉽게 붙는다.
4. 밥 위에 두부를 올린 후 만들어둔 양념장과 함께 내면 담백하고 고소한 두부 스시 완성!

재료 흰 쌀밥, 멸치조림, 김.

밖에서 먹기 편한 멸치 주먹밥

1. 밥에 참기름을 살짝 넣고 비빈다.
2. 밥 안에 반찬용 멸치를 넣고 원하는 모양대로 빚는다.
3. 겉에 김을 두르고 꽁꽁 싼다.

＊ 주먹밥은 냉장고 안의 반찬과 재료를 적극 활용한다. 취향이나 재료에 따라 얼마든지 변신 가능하다.

아침에 과일을 마시자!

은근히 제대로 챙겨 먹기 어려운 것이 바로 과일.
입맛 없는 남편을 위해, 이제 막 이유식을 시작한 아이를 위해, 이 것저것 챙기느라 바쁜 자신을 위해, 건강도 챙기고 다이어트도 되는 과일 음료를 만들어보자.

사과 파프리카 주스

비타민이 풍부한 사과와 파프리카. 그중 노란색 파프리카는 스트레스를 해소해주기 때문에 다이어트에 효과적이다. 사과 2개와 파프리카 1개를 넣고 갈면 되는데 뻑뻑할 수 있으니 주스를 약간 넣는 것이 좋다.

딸기 바나나 요구르트

딸기와 바나나는 비타민 A와 C가 풍부한 과일로 먹기도 편하고 속도 든든하다.
딸기 10개와 바나나 1개, 플레인 요구르트 1/2 컵, 요구르트 1개를 넣고 갈면 부드러운 딸기 바나나 요구르트가 완성된다.

아보카도 키위 주스

비타민 C와 섬유질이 풍부한 키위는 다이어트와 미용에 효과적인 과일. 아보카도는 보습효과가 뛰어날 뿐 아니라 피부를 탄력 있게 만들어준다. 아보카도는 껍질과 씨를 제거하고 키위는 껍질을 벗겨 자른 다음, 아보카도와 키위, 우유를 믹서에 넣고 갈면 끝!

바나나 우유 주스

바나나를 우유와 함께 먹으면 뇌운동이 활발해진다. 바나나에 함유된 당질이 소화를 돕기 때문에 위가 좋지 않은 사람에게도 좋다. 바나나 1개를 잘게 잘라 레몬즙 1/2스푼을 넣은 후 우유를 붓고 갈면 완성된다.

당근 오렌지 주스

비타민A가 풍부한 당근은 피로회복 및 성인병 예방에 효과적이므로, 하루에 한 잔씩 당근 주스를 마셔보자.
당근 1/2개와 오렌지 1개를 넣고 갈면, 당근 특유의 뻑뻑함을 해소해주는 상큼한 당근 오렌지 주스 탄생!

스타일 맘은
평생을 관리한다

TV를 즐겨 보는 편은 아니지만 간혹 드라마를 보다 깜짝깜짝 놀랄 때가 있다. 특별한 이유가 있는 건 아니고, 오랜만에 출연한 중견 탤런트가 전혀 다른 얼굴로 바뀌어 있는 걸 볼 때마다 놀라는 것.

심하게 부풀어오른 볼, 어딘지 모르게 어색한 눈매…. 그렇게까지 하지 않아도 충분히 아름다운 얼굴인데 오죽하면 그랬을까 싶어 안타깝다 못해 안쓰러운 마음마저 든다.

하지만 제대로 된 관리는 분명히 필요하다. 다른 것은 미뤄둔 채 오로지 외모에만 집착한다면 당연히 문제가 되겠지만, 꾸준한 관리는 자신 있는 인생을 살아가는 데 피가 되고 살이 된다.

다른 사람에게 보여주기 위해 관리하는 것이 아니라 '나'를 가꾸기 위해서라고 생각하자. 그러면 다이어트도 피부관리도 한층 더 즐거워질 것이다.

나잇살을 내쫓는 라이프 스타일

오랜만에 나간 동창회에서 평생 살과는 인연이 없을 거라 생각했던 친구들이 너도나도 다이어트 타령을 하는 걸 볼 때마다, 조금 서글픈 생각이 든다. 아무래도 나이가 들었다는 증거일 테니 말이다.

나이가 들면 기초 대사량이 줄어들어 예전보다 적게 먹는데도 더 쉽게 살이 찐다. 특히 여성의 경우에는 호르몬 변화까지 가세해 조금만 방심해도 나잇살이 붙기 때문에, 출산 후 다이어트에 성공했다 해도 절대 마음을 놓아서는 안 된다. 평생 동안 날씬한 몸매를 유지할 수 있는지는 자신의 생활습관에 달려 있다.

단언컨대, 살이 안 찌는 체질은 없다. 하지만 살이 안 찌는 라이프스타일은 있다! 일상생활을 통해 나잇살을 퇴치할 수 있는 몇 가지 습관을 살펴보자.

의식적으로 자세를 바르게 하자. 앉아 있거나 서 있을 때 어깨와 등을 구부리지 말고 항상 곧게 펴는 습관을 들이자. TV를 볼 때도 밥을 먹을 때도 아랫배와 허리에 힘을 주고 등을 곧게 펴자. 집에서 걸어 다닐 때도 의식적으로 어깨를 펴다 보면 등과 허리 라인에 군살이 붙을 틈이 없다.

먼저 TV 보는 시간부터 줄이자. TV는 바보상자가 아니라 시간을 잡아먹는 도둑이다. 집에 들어오자마자 TV부터 켜는 남편이 있다면 더더욱 빨리 실행하자. TV를 보는 대신 산책을 하거나 책을 읽거나 대화를 나누어보자. 밤 늦게까지 TV를 보지 않으면 그만큼 일찍 자고 일찍 일어나게 된다. 규칙적인 생활이 다이어트에 최고라는 사실은 두말하면 잔소리!

가능한 한 몸을 많이 움직이자. 가까운 거리는 무조건 걷는 버릇을 들이자. 집 근처에 재래시장이 있다면 운동 삼아 장을 보는 것도 다이어트에 큰 도움이 된다. 재래시장은 주차가 힘들기 때문에 유모차에 물건을 싣고 돌아다니기 좋다.

아이가 4세를 넘어서면, 부부가 함께할 수 있는 운동으로 등산을 시작해보자. 아이를 데리고 가도 좋고, 조금 멀리 갈 때면 부부끼리 가도 좋다. 등산은 나이 드신 분들이 즐기는 운동이라는 선입견이 있어서 그렇지, 평소 못 다한 이야기를 나누거나 혼자서 생각을 정리하기에 매우 좋은 운동이다. 집 안이 아닌 집 밖에서, 특히 자연 속에서 이야기를 나누다 보면 마음에 여유도 생겨 서로의 이야기를 더 귀담아 듣게 된다.

등산이라고 해서 거창하게 준비할 필요도 없다. 평상복 차림으로 집 근처 산부터 가볍게 시작하자. 등산을 가족문화로 만들어간다면 다이어트뿐 아니라 장차 아이의 자연학습에도 도움이 될 것이다.

'반신욕 마니아'가 되어보자. 다이어트와 평생친구가 되라고 노래를 불러도 들은 척도 하지 않는 귀차니스트들에게 강추하고 싶은 것 중 하나가 반신욕이다.

반신욕은 말 그대로 몸의 절반, 명치 아랫부분까지만 물에 담그는 목욕법. 혈액순환을 원활하게 해주기 때문에 다이어트는 물론이고 피로를 푸는 데도 그만이다. 그래 봤자 뜨거운 물 속에서 땀만 많이 빼는 게 아니냐며 질색하는 사람들이 있는데, 물을 아주 뜨겁게 할 필요는 없다. 사람마다 체질이 다르므로 본인이 느끼기에 편안하고 따뜻한 정도면 충분하다.

반신욕을 하면서 책도 읽고 조용히 생각도 정리하다 보면, 모든 스트레스가 날아가버린 기분이 든다. 몸이 아닌 마음의 다이어트를 위해서라도 꼭 반신욕을 시작해보자.

마지막으로, 긍정적인 마인드를 유지하자. 마음이 지치면 몸도 지치기 마련이다. 긍정적인 마음가짐은 삶에 활력을 불어넣어주기 때문에 몸이 지칠 틈을 주지 않는다. 스트레스를 받지 않으니 불면증이나 폭식과도 자연히 거리가 멀어질 것이다.

동안을 결정짓는 피부관리

친구들끼리 모여 피부 타령을 할 때마다 등장하는 만고불변의 진리가 있다. 바로 '피부는 타고나는 거야'라는 얘기. 나도 아이를 낳기 전까지는 그 말이 진리인 줄로만 알았다. 로션 하나 바르지 않아도 맑고 뽀얀 피부를 유지하는 친구들을 보면서 '축복받은 아이'라며 부러워하기 바빴으니까.

하지만 이제는 '세월 앞에는 장사 없구나' 하는 생각이 든다. 아이를 가지면 없던 피부 트러블도 생긴다. 아이를 낳고 나면 주름은 둘째 치고 여기저기 기미까지 생긴다!

TV에 나와 '저는 평소 쌩얼로 다녀요'라고 말하는 연예인들의 말을 절대 믿지 말자. 그들에게 쌩얼은 없다. 쌩얼이라는 선의의(?) 거짓말은 있을지 몰라도.

내 주변에는 30대가 되면서 20대보다 훨씬 피부가 좋아졌다는 사람들이 꽤 많다. 나만 해도 비슷한 경우다. 더 좋아진 것까지는 아니지만, 돌이켜 보면 그때는 왜 그렇게 두꺼운 화장을 했는지 정말 이해 못할 일이다.

만일 타임머신을 타고 그때로 돌아간다면 색조 화장은 딱 기본만(아이라인,

볼터치, 립글로스 정도?) 하고, 내 피부를 쓸데없이 많은 화장품에서 목숨 걸고 지키고 싶다!

코코 샤넬이 이런 말을 했다고 한다. 20대 얼굴은 자연이 주는 것이고, 30대 얼굴은 삶이 만드는 것이며, 50대 얼굴은 자기 스스로 이루어놓은 거라고.

그렇다. 아름다운 얼굴은, 아니 아름다운 피부는 생활습관이 만든다. '보톡스 없이도 열 살 어려 보이는 피부'의 비결은 생활 속 다이어트처럼 피부를 위한 좋은 습관을 들이는 것. 평소 잘만 관리하면 피부과에 어마어마한 돈을 갖다 바치지 않아도 평생 '피부 좋다'는 이야기를 들을 수 있다! 그렇다면 어떻게 무엇부터 시작해야 할까?

물 마시는 것을 즐겨라. 즐기지 못하겠다면 억지로라도 마시자.

이렇게 말은 하지만, 나도 결혼 전에는 물을 즐겨 마시는 편이 아니었다. 피부도 그리 좋지 않았다. 그런데 로션도 꼬박꼬박 안 바르면서 탱탱한 피부를 유지하는 남편을 본 다음 바로 연구에 들어갔다. 열심히 관찰해본 결과, 붕어처럼 물을 많이 마시는 것이 좋은 피부의 비결이었다!

예전에는 복합성 피부여서 가끔 여드름이 한두 개씩 나곤 했는데, 물 마시는 습관을 들인 다음부터 피부가 달라지는 것이 느껴졌다. 물론 어릴 적부터 물을 꾸준히(?) 싫어해서 아주 좋은 피부라고 할 수는 없지만, 확실히 예전보다는 피부 트러블도 줄었고 여드름도 없어졌다.

열심히 물을 마시다 보니 방송 일을 하던 시절, 여자 탤런트들이 녹화현장에 녹차나 물을 들고 다니며 수시로 마시던 모습이 떠올랐다. 물을 자주 마시는 것이야말로 빡빡한 스케줄로부터 피부를 지켜내는 그녀들만의 비법이었던 것! 좋은 피부를 원한다면 절대 빼놓을 수 없는 것이 물이다. 특히 겨울철에 히터를 틀어놓는 사무실에서 일하는 직장 여성들일수록 물을 끼고 살아야 한다! 건조한 환경은 피부를 망치는 지름길이다.

자외선 차단제를 끝까지 사수하자. 자외선 차단제는 2~3시간 간격으로 한 번씩 발라야 좋지만 막상 가지고 다니려면 거추장스럽기 때문에, 휴대하기 편한 스프레이 타입이나 팩트 타입을 추천하고 싶다. 야외활동이 잦다면 그만큼 자주 덧발라야 하며 물놀이를 갔을 때는 최소 20분 전에 발라야 한다.

놀라운 사실 중 하나는 실내조명 아래서도 피부가 늙는다는 것. 결국 실내에 있거나 실외에 있거나 자외선 차단제 바르는 것을 생활화해야 한다. 자외선 차단제를 빼먹고 나온 날에는 모자나 선글라스를 적극 활용하자.

사실 잘 씻기만 해도 피부관리의 절반은 성공한 셈이다. 저녁에는 클렌징 제품을 사용하되, 아침에는 물로 씻어라. 아침 피부와 저녁 피부는 하늘과 땅 차이. 화장품과 온갖 먼지가 달라붙은 저녁 피부와 달리 아침 피부는 그리 더럽지 않은데도 클렌징 제품을 쓰는 사람들이 많다. 아침에는 피부에 솟아난 천연 피지층이 제거되지 않도록 물로 세수한 다음 곧바로 기초제품을 바르길 권한다. 노폐물을 제거하는 과정에서 천연 피지층과 함께 수분까지 날아갈 수 있기 때문. 마찬가지로 너무 뜨거운 물로 세수해도 피부가 쉽게 건조해질 수 있으니 주의해야 한다.

따로 피부관리를 받기보다 집에서 꾸준히 관리하자. 잠 잘 시간도 충분치 않은 상황에서 가장 손쉽게 할 수 있는 피부관리는 바로 마스크팩이다. TV 보는 시간에 해도 좋고, 귀찮다면 수면 마스크팩을 붙인 채 자도 좋다. 아이가 먹다 남긴 우유도 화장솜에 묻혀 얼굴을 두드리면 훌륭한 팩이 된다. 모든 팩을 한 후에는 미지근한 물로 충분히 씻어낸 다음 마지막에 꼭 찬물로 헹궈주어야 피부가 탱탱해진다.

하나 더, 집에서 할 수 있는 피부관리로 얼굴 각질 제거를 추천하고 싶다. 30세 전후로는 피부의 신진대사가 저하되면서 노화된 각질이 쌓이기 시작한다. 이때 정기적으로 각질을 제거하지 않으면, 그 때문에 더욱 신진대사가 저하되는 악순환이 반복되므로 각별히 신경을 써야 한다.

반드시 얼굴 전용 제품을 사용해야 하며 일주일에 한두 번 정도가 적당하다. 이때 제발 때수건으로 얼굴을 벅벅 문지르지는 말자!

자기 전 '아이크림' 바르는 것을 잊지 말자. 피부관리실을 운영하는 분에게서 직접 들은 이야기다. 흔히 아이크림을 생략한 채 에센스만 바르고 끝내는 분들이 많은데, 그것이야말로 주름을 부르는 습관이라고. 아이크림은 팔자주름, 눈가를 비롯해 주름이 신경 쓰이는 곳이면 어디든 발라도 좋다. 아이크림은 눈만을 위한 제품이 아니다.

몸에 좋은 음식이 피부에도 좋다는 점을 기억하자.

몸매관리에 제대로 된 영양섭취가 중요한 것처럼 피부 또한 마찬가지다. 일단 채식을 즐기면 피부가 건강해진다. 기미나 주근깨는 산성 체질이 더 쉽게 생기므로, 의식적으로라도 알칼리성 식품인 야채와 과일에 집중하자. 육아에 시달리는 초보맘들은 지나치게 피로해도 이유 없이 얼굴이 붓거나 푸석푸석해진다. 저녁에 라면이나 야식을 먹은 것이 아니라면 생활습관부터 바꾸어보자. 충분한 수면과 꾸준한 운동은 기본이고, 자극적인 음식을 줄이거나 녹차를 마시는 것만으로도 맑은 피부를 되찾을 수 있을 것이다.

아무리 좋은 제품을 쓰고 꾸준히 관리한다 해도 피부에는 잠이 최고다.

'미인은 잠꾸러기'라는 말이 괜히 나온 게 아니다. 특히 어린아이를 둔 엄마는 수시로 깰 수 있기 때문에, 틈 나는 대로 시간 가리지 말고 잠을 저축해야 한다. 낮잠을 잘 때는 안대를 쓰거나, 밤에 천연 허브티나 따뜻한 우유 한 잔을 마셔두면 숙면에 도움이 된다.

스타일 맘을 위한 5분 투자!

5년은 어려 보이는 피부관리

매일 아침 5분만 투자해도 피부가 달라진다.
아무리 바빠도 5분만 투자한다면 평생 엄마가 아니라 '이모'라 불릴지도!

1분, 세면대에서 미지근한 물로 얼굴을 씻은 후 찬물로 나이 수만큼
헹군다.

2분, 빛의 속도로 달려와 스킨을 화장솜에 적셔 얼굴에 바르고 남은
양을 목에 부드럽게 발라주자. 화장수를 듬뿍 바르는 습관은 오히려
피부에 좋지 않다. 피부에 미처 스며들지 못한 수분이 증발하면서 건
성피부로 만들기 때문.

3분, 피부가 촉촉한 상태에서 모이스처라이저와 에센스를 바르고,
피부에 흡수되는 1~2분 동안 다른 일을 한다. 이때 눈가를 마사지
하듯 눌러주면 다크서클을 완화하는 데 도움이 된다.

5분, 자외선 차단제를 바르자. 너무 많은 양을 바르지 말고 콩알만
큼 덜어서 발라야 한다. 스펀지를 사용할 때는 피부결을 따라 발라
야 주름을 예방할 수 있다. 바로 외출할 경우에는 자외선 차단기능
이 있는 비비크림으로 얼굴의 잡티를 자연스럽게 가려주자.

화장도 오랫동안 안 하다 보면
화장하는 법을 잊어버린다.
가끔은 화장품을 사면서
메이크업 서비스를 받아보자.
메이크업 센스를 살리는 데
도움이 될 것이다.

다양한 메이크업을
구사하는 것도 좋지만
30대 중반 이후에는
한 가지 패턴으로 자신만의
캐릭터를 각인시키는 것도
근사하다.
나만의 시그너처 메이크업을
연구해 보자. 물론
쌩얼 메이크업도
시그너처 메이크업이
될 수 있다.

아침 5분 쌩얼 메이크업

짧은 시간의 외출이라도 되도록이면 '쌩얼'은 삼가자. 5분만 투자해도 한 듯 안 한 듯 윤기 나는 피부로 만들 수 있다!

1분, 시간이 없을 때는 비비크림 하나로 해결하자. 자신에게 맞는 비비크림을 찾아내라. 이왕이면 비비크림 중에서도 피부에 좋은 성분이 있는 것을 고르자.

2분, 블러셔 하나로 볼과 눈화장을 할 수 있다는 점을 기억하자.

개인적으로 핑크 컬러의 크림 타입 블러셔를 추천하고 싶다. 웃을 때 생기는 볼의 동그란 부분에 손가락으로 살짝 펴 바르면 된다. 크림 타입 블러셔는 너무 진하게 바르면 어색해질 수 있으니 주의하자.

3분, 눈썹을 자연스럽게 그린 후 아이라인을 그리면 눈매가 한결 선명해 보인다.

4분, 입술에는 틴트와 글로스를 결합한 제품을 바른다. 사용하기도, 휴대하기도 간편하다.

5분, 팩트형 자외선 차단제를 휴대하며 자주 발라주자.

스타일 맘의 휴대용 파우치에는 무엇이 들었을까?

피부를 보호하기 위한 자외선 차단 팩트, 얼굴에 수분을 주기 위한 휴대용 미스트, 빠른 메이크업을 위한 크림 타입의 블러셔, 입술을 촉촉하게 해주는 틴트 글로스, 눈썹도 그리지 못한 날을 위한 눈썹 펜슬과 휴대용 아이라이너, 아이를 위한 자외선 차단제(생후 6개월 이후부터 바를 수 있다), 아이가 넘어질 것을 대비한 연고가 들어 있다.

스타일 만, 스타일리시하게 키우다 04

이 장에서는 아이와 함께 '행복'과 '기쁨'을 찾아가는 소소한 일상을 나눠보려 한다.
엄마에게 아이와 함께하는 하루는 또 다른 '여행'이 된다. 아이와 여행하는 기분으로 책도 읽고,
그림도 보고, 사진도 찍으면서 삶의 추억을 만들어가자.

진정한 스타일리시 맘이 되고 싶다면

출산일이 가까워오면 엄마가 된다는 사실이 조금씩 현실로 다가 오기 시작한다. 그와 동시에 '나는 어떤 엄마가 될까, 아니 어떤 엄마가 되어야 할까….' 이런저런 생각이 꼬리에 꼬리를 문다. 태어날 아이를 떠올리면 한없이 설레고 기쁘지만, 마음 한편에서 는 과연 내가 좋은 엄마가 될 수 있을지 하는 불안감이 피어오르 는 것이다.

아이를 낳고 키운 선배맘의 입장에서 감히 결론부터 말하자면 '좋 은 엄마'는 없다. 엄마는 위대한 존재이지만 완벽한 존재는 아니 기 때문에.

정말 좋은 엄마가 되고 싶다면 완벽한 엄마가 되겠다는 생각부터 벗어던지자. 그런 생각으로 아무리 열심히 노력하고 발버둥 쳐봤 자 어느 부분에선가 반드시 '펑크'를 내는 자신의 모습에 짜증만 날 뿐이니까.

그보다는 내가 무엇을 좋아하고, 어떻게 살고 싶은지부터 생각했 으면 좋겠다.

아이는 엄마를 통해 세상을 바라본다. 아이에게 멋지게, 즐겁게, 여유 있게 살아가는 엄마의 모습을, 긍정적인 눈으로 세상을 바 라보는 태도를 보여주자. 이것이야말로 진짜 '스타일리시 맘'의 모습이자 철학일 것이다.

물론 말처럼 쉽지만은 않다. 아이 보는 것도 힘든데 스타일 타령 이라니 배부른 소리라고 할지도 모르겠다. 내 말은 혼자서만 폼 나게 살라는 얘기가 아니다. 엄마가 된 이상, 아이는 내가 책임져 야 할 대상이 아닌 내 삶의 일부다. **엄마가 행복해야 아이도 행 복하고, 아이가 행복해야 엄마도 행복할 수 있다는 생각으로 '엄 마'라는 이름을 부담 없이 즐기자.**

이 장에서는 아이와 함께 '행복'과 '기쁨'을 찾아가는 소소한 일상 을 나눠보려 한다. 엄마에게 아이와 함께하는 하루는 또 다른 '여 행'이 된다. 아이와 여행하는 기분으로 책도 읽고, 그림도 보고, 사 진도 찍으면서 삶의 추억을 만들어가자. **나는 이걸 이렇게 부르고 싶다. 일명, 엄마도 아이도 즐거운 '스타일 육아'라고.**

어떤 엄마가
되어야 할까

엄마는 아이가 처음 마주하는 세상이다. 세 살 이하의 아이는 엄마의 얼굴, 말투, 옷차림, 생각 등 엄마의 모든 것을 통해 세상을 바라본다. 엄마는 아이에게 이상형이자 롤 모델이자 멘토가 될 수 있는 사람이다. 아이는 어떤 식으로든 엄마를 벤치마킹하며, 누가 뭐래도 아이는 엄마를 닮을 수밖에 없다. 스스로에게 '내 아이가 바라보는 나는 어떤 모습일까?'라는 질문을 던져보자. 아이를 멋진 사람으로 키우고 싶다면 나부터 먼저 멋있어져야 한다는 다짐이 저절로 들게 될 것이다.

물론 그러한 마음이 지나쳐 아이에게 무언가를 가르쳐주려는 욕심으로 번져서는 곤란하다. 욕심이 마음 안에 싹트는 순간, '아이도 엄마도 행복한 육아'는 어디론가 사라져버리고 말 테니까. 엄마는 아이의 선생님이 아니라 같은 배를 탄 인생의 파트너이자 서로를 사랑하는 친구다.

좋은 엄마보다 행복한 엄마가 되자

간혹 아이를 위한다는 명목으로 자신의 습관이나 성격, 취향까지 바꾸려는 엄마들을 보곤 한다. 어떤 엄마가 되어야겠다는 뚜렷한 철학도 없이 아이 교육에 좋다는 이유만으로, 아이에게 모범을 보여야겠다는 생각에 자신을 바꾸려는 것이다. 이러한 노력은 잠깐 효과를 볼지는 몰라도 자신도 모르는 사이에 차곡차곡 스트레스로 쌓일 수 있다. 또한 그 스트레스는 고스란히 아이에게 전해져버린다.

'내가 너 때문에 얼마나 노력했는지 알아?', '누구 때문에 내가 이렇게 사는데….' 혹시 이런 생각을 해본 적은 없는지 돌이켜보자. 아이를 키우는 일에 정답은 없다. 주어진 기준에 맞추려 하지 말고 자신만의 장점과 특성을 고려해 나만의 원칙을 세워보자.

괜히 다른 엄마와 자신을 비교하며 자책하지 말자. 분명 천성적으로 아이를 좋아하는, '천사표' 스타일의 엄마는 따로 있다. 그런 사람의 장점을 인정하고 칭찬해주되 자신이 할 수 있는 만큼만 배우자. 좋은 엄마가 되려고 노력하다 오히려 스트레스가 쌓여 폭발하는 경우를 종종 봤다. 지금 생각해보면 나도 그랬던 것 같다. 잘해주다 화내고, 후회하고 반성하고….

삶은 순간적으로 에너지를 집중해 끝내버리는 단거리 경주가 아니다. 삶은 장거리 마라톤이다. 기나긴 코스를 완주하기 위해서는 체력을 적절히 분배하고 호흡을 조절할 줄 알아야 한다. 이제 엄마가 됨으로써 인생의 또 다른 코스로 접어든 셈이다. 엄마가 할 일은 아이가 별 탈 없이 무사히 코스를 완주할 수 있도록 돕는 것이다. 그러기 위해서는 엄마 스스로가 뛰는 모습을 보여주어야 한다. 잘 뛸 필요도 없다. 그냥 즐겁게 뛰면 된다.

아이에게 습관을 '보여주는' 엄마가 되자

모처럼 동네 엄마들끼리 점심을 먹기 위해 모였다. 오랜만에 만나 신나게 수다를 떨고 있는데, 세 살쯤 되어 보이는 여자아이가 우리가 벗어놓은 신발을 가지런히 정리하고 있는 게 아닌가. 나이도 어린데 하는 행동이 신기하기도 하고 기특하기도 해서 누구네 아이인지 물어보았더니, 다름 아닌 음식점 사장님 딸이었다. 항상 손님들 신발을 정리하는 엄마를 보고 아이가 똑같이 따라 한 것이다.

한번은 길에서 마치 할아버지처럼 뒷짐을 지고 걷는 아이를 본 적이 있다. 꽤 어려 보였는데 어른처럼 걷는 모습이 너무 귀여워서 이유를 물었더니, 할머니가 아이를 돌봐주시기 때문에 할아버지와 할머니의 행동을 종종 흉내 낸다고 했다.

이처럼 아이들의 행동 중 95%가 어른들의 말과 행동에서 비롯된다. 엄마 아빠나 선생님의 모든 행동이 아이의 머릿속에 저절로 입력된다. '아직 어린데 뭘 알겠어?'라고 생각한다면 큰 오산이다. 아이들은 우리가 생각하는 것보다 훨씬 영리하고 기억력도 좋다. 당신이 무심코 내뱉은 말과 행동이 아이의 기억에 평생토록 남아 있을지도 모를 일.

이 말을 뒤집어서 생각해보면, 아이가 아직 어릴 때 당신이 '모범'을 보이면 그것이 고스란히 아이의 좋은 습관이 될 수 있다는 말이 된다. 그러니 아이가 다섯 살이 되기 전까지 제대로 된 습관과 스타일을 심어주자. 기본적인 예의범절을 아는 아이로 키우면 누구보다 부모가 편안하다. 어리다고 귀엽다고 봐주기 시작하면 나중에는 감당할 수 없는 지경에 이른다. 대신 말이 아닌 행동으로 보여주어야 한다. 아이들은 부모의 행동을 그대로 따라 한다.

아이에게 이것만은 주의하자!

◆ 아침에 일어나면 5분 투자로 하루 종일 단정한 모습을 유지하자. 아이들은 멋쟁이 엄마를 좋아한다. 후줄근한 옷차림과 부스스한 머리가 엄마의 이미지가 되어서는 안 된다.

◆ 아이를 나와 대등한 인격체로 대하자. 사랑한다는 말만큼, 고맙고 미안하다는 표현을 자주 하자. 엄마도 잘못한 일에 대해서는 사과할 줄 알아야 한다.

◆ '~해라'라는 고압적인 말투보다는 '엄마가 부탁이 있는데 들어줄래?'라고 이야기해보자. 아마 대화를 나눌 수 있는 나이가 되면 다정한 목소리로 응해줄 것이다.

◆ 아이도 엄마처럼 존중받는 느낌을 좋아한다. 스스로를 가치 있는 사람으로 느끼게끔 칭찬과 격려를 아끼지 말자. 이때 칭찬은 구체적이어야 한다. 두루뭉술하게 하면 역효과가 난다. '엄마는 정리정돈을 잘하는 네가 자랑스러워'라든지 '엄마가 힘든데 도와줘서 고마워'라는 식으로 구체적인 행동을 언급하자. 다음에 또 도와주려고 노력하는 아이를 보게 될 것이다.

◆ 동네이웃에게 인사를 잘하는 사람이 되자. 물론 모르는 사람에게 인사하는 것이 쉽지는 않다. 본인은 정작 하지도 않으면서 아이에게만 강요하지 말자.

◆ 남편과 사이좋은 모습을 보여주자. 아이는 엄마와 아빠의 애정표현을 보면서 자연스럽게 타인을 사랑하는 법을 배운다.

자기만의 시간을 활용할 줄 아는 엄마가 되자

어떤 책인지 잘 기억이 나진 않지만 '아이는 엄마의 시간을 가장 많이 훔쳐 가는 도둑이다'라는 구절을 읽고서 나도 모르게 피식 웃은 적이 있다. 어쩌면 이렇게 내 마음을 그대로 써놓았을까 하는 생각에서였다.

물론 아이는 예쁘고 사랑스럽다. 문제는 너무나 소중한 존재이기 때문에 엄마가 자기만의 시간을 갖기 힘들다는 것. 특히 갓난아이를 둔 엄마는 혼자만의 시간이 거의 없다고 보면 된다. 그나마 아이가 낮잠 자는 틈을 이용해 인터넷 서핑을 하거나 전화로 밀린 수다를 떠는 게 고작이다. 사실 이때 엄마도 함께 쉬어야 체력을 보충할 수 있는데, 금쪽같은 시간에 잠이라니 그것조차 아깝게 느껴질 때가 있다.

이런 점에서는 전업맘이 좀 더 자유롭지 못하다. 직장맘은 그나마 회사에서라도 한숨 돌릴 수 있는데 전업맘은 커피 한 잔 맘대로 마시기 힘드니 말이다(직장맘이 힘들지 않다는 것이 아니다. 다만 아이를 제외한 본인의 시간을 이야기하는 것이니 양해해주시길).

혼자만의 시간을 위해서라도 아이가 세 살, 늦어도 네 살부터는 어린이집에 보내보자.

아이를 어린이집에 보내겠다고 하면 엄마가 돌보면 되지 굳이 그럴 필요가 있느냐고 말하는 사람들이 있다.

나는 그런 말을 들을 때마다 이렇게 말해주고 싶다. "아이가 아니라 저 때문에 보내는 건데요?"라고.

간혹 아이가 잘 적응할지 걱정하는 엄마들이 있는데, 경험에 비추어 보건대 아이는 짧으면 2주, 길어도 한두 달이면 완벽히 적응한다.

나만 해도 딸아이가 낯가림이 심한 편이어서 엄마 없이 잘 지낼 수 있을지 무척이나 고민스러웠다. 망설인 끝에 세 살이 되자마자 어린이집에 보내기 시작했는데, 처음에는 안 가겠다고 울며 매달리는 아이를 보며 죄책감마저 느꼈다. 원장선생님의 배려로 처음에는 한 시간 정도만 앉아 있다가 그다음부터 조금씩 시간을 늘리기 시작한 것이 그나마 다행이었다. 그렇게 한 달하고도 2주가 흘렀다. 그동안 아침마다 눈물을 보이던 아이는 좀 더 늦게 데리러 오면 안 되냐고 말할 정도로 완벽하게 적응했다. 이제는 방학을 하면 친구들이 보고 싶다며 눈물을 글썽거릴 정도니까.

아이를 어린이집에 보내면서 내가 얻은 자유는 고작 반나절 정도에 불과했지만, 그로 인해 얻은 소득은 엄청났다. 적어도 나에겐 그랬다. 소원해졌던 사람들도 만나고, 밀린 책도 읽고, 다시 일도 시작하면서 내가 살아있다는 느낌을 만끽할 수 있었다. 오히려 엄마 노릇도 더 충실히 하게 되었다. 아이와 떨어져 있는 시간을 만회하고 싶은 마음에 책도 더 자주 읽어주고, 예전 같았으면 그냥 넘겨버렸을 질문에노 성의껏 답하게 된 것. 재미난 사실을 하나 덧붙이자면 예전에는 아무리 바빠도 계획을 세워두고 행동하던 타입이 아니었는데, 내 시간을 정해두면서부터는 오히려 시간을 효율적으로 쪼개 쓰는 요령이 생겼다.

아이를 위해서는 돈과 시간을 아낌없이 투자하면서 정작 자기 인생에 소홀한 엄마들을 볼 때마다 안타까운 마음이 앞선다. 엄마가 되었다고 인생이 끝난 것은 아니다. 사실 아이 때문에라도 보다 철저히 인생에 대한 계획을 세울 필요가 있다. 자신의 삶도 제대로 관리하지 못하면서 좋은 엄마가 되길 바라는 것 자체가 지나친 욕심이 아닐까.

보다 현명한 엄마가 되기 위한 시간 활용법

◆ 지금보다 30분 빨리 일어나자.

30분으로 뭘 할 수 있겠냐고 생각할지 모르겠지만, 하루하루 쌓이면 무언가를 이룰 수 있는 귀중한 시간이 된다. 자투리 시간을 활용해 내 모습을, 내 자신을 가꾸어보자.

◆ 정리하는 습관이 시간을 아껴준다.

한 달에 한 번씩 정기적으로 집 안을 정리하자. 책부터 옷가지, 그릇, 사진까지 집 안에 정리할 물건은 무궁무진하다. 정리하는 습관을 들이면 나중에는 일 년에 한두 번만 정리해도 집 안을 깨끗하게 유지할 수 있다.

◆ 바쁜 원인을 객관적으로 분석하자.

너무 바쁘게 지내다 보면 몸과 마음이 피로해져 삶의 균형을 잃기 쉽다. 일주일 동안 자신의 일상을 종이에 적어보자. 자기도 모르게 낭비하는 시간이 많음을 알 수 있을 것이다.

◆ 모든 일에는 순서가 있다.

일에 우선순위를 매겨보자. 지금 당장 해야 하는 일과 그렇지 않은 일을 구분하자. 해도 되고 안 해도 되는 일은 아예 시작조차 하지 말자. 정작 중요한 일을 나중에 시작해서 스트레스를 받는 경우도 많다.

◆ 주위 사람들에게 계획과 목표를 말하고 다니자.

목표와 계획을 세웠다면 친한 친구나 가족과 터놓고 의논하자. 뭐가 됐든 자꾸 이야기해야 이루어진다.

◆ 바쁠수록 돌아가자.

바쁠 때일수록 일상에 쉼표를 찍자. 멀리 내다보고 행동하자. 휴식은 또 다른 목표를 향한 힘이 된다.

◆ 계획은 조금 여유 있게 세우자.

처음부터 너무 벅찬 계획을 세우면 나중에 포기하기 쉽다. 먼저 일 년간 할 일을 계획하고, 상반기와 하반기로 나눈 다음 한 달과 일주일 단위로 다시 계획을 나눠보자.

선배 스타일 맘이 말하는
시간관리 노하우

광고대행사 제일기획 국장 박지현 대표 광고로는 SK의 '당신이 행복입니다', 한국토지주택공사 LH 시리즈, KTF, 하우젠, 농협, 던킨, 쿠쿠, 엔프라니 등이 있다.

♦ **나의 24시!**

다섯 살인 둘째를 유치원 버스에 태워 보내고 서둘러 출근하면 아침 9시. 대체로 저녁 8~9시 사이에 퇴근한다. 시어머니가 아이들을 돌봐주시는 덕분에 비교적 마음 놓고 일하는 편이다.

집에 돌아가면 아이들이 매미처럼 딱 달라붙는다. 아무래도 나이가 어린 둘째와 먼저 시간을 보내게 된다. 둘째를 10시 반에 재우고 큰 아이가 안 잘 경우에는 숙제를 봐주거나 간단한 대화를 나눈다.

아이들은 내게 배터리와 같은 존재다. 방전된 나를 충전시켜주는 에너지다.

♦ **무조건 아이에게 올인하지 않는다.**

요일을 나누어 일과 아이 사이에서 균형점을 찾으려 노력한다. 스물다섯이라는 조금 이른 나이에 결혼했고, 아이를 낳고, 한창 인생을 즐길 20대에 육아와 일, 자아 사이에서 심적으로 상당한 고충을 겪었다. '시간관리'를 생각할 여유조차 없었지만, 주어진 모든 것에 최선을 다하기 위해 시간을 아껴 쓰다 보니 자연스럽게 시간을 관리하게 되었다. 내게 시간관리는 '일과 가족과의 균형'인 셈이다.

♦ **유쾌한 사람이 되려고 늘 노력한다.**

영화 〈인생은 아름다워〉의 주인공처럼 어떤 상황에서도 웃음과 유머 감각을 잃지 않으려고 노력하는 것이야말로 주어진 시간을 행복하게 쓸 수 있는 노하우인 것 같다. 유쾌한 사람이 되려고 늘 노력한다.

♦ **문자로 사람들과 관계를 유지한다.**

인맥 관리에 비교적 빨리 눈을 뜬 편이다. 항상 시간적 제약이 있기 때문에 주변 사람들에게는 시간이 없음을 알리고 미리 양해를 구한다. 특히 점심시간을 잘 쪼개서 활용하는 편이다.

문자는 시간이 없을 때 인간관계를 유지할 수 있는 좋은 방법이다. 나이 드신 분들께도 간혹 문자를 보내는데, 재미난 답변을 주시며 즐거워하신다. 자주 연락을 못하는 친구와도 문자로 안부를 주고받는다.

♦ **탁상달력을 스케줄러로 만든다.**

일정이 한눈에 들어오기 때문에 스케줄을 편하게 관리할 수 있다.

◆ **나를 위한 투자는 따로 시간을 정해둔다.**

한 달에 한 번은 동대문에 쇼핑하러 가고, 2년 전부터 한 달에 한 번씩 피부관리를 받고 있다. 엄마이기 이전에 여자이므로 여자로서의 매력을 잃고 싶지 않다. 더욱이 요즘 아이들은 멋쟁이 엄마를 좋아한다.

◆ **때로는 남의 도움을 빌릴 줄도 알아야 한다.**

아이가 초등학교에 입학했을 때가 가장 힘들었던 것 같다. 초등학교 일학년은 준비물도 많을뿐더러 엄마가 챙겨주는 것과 그렇지 않은 것이 바로 드러난다. 하지만 매번 신경을 쓸 수 없어 고민하다 학교 앞 문구점을 찾아가서 인사를 드린 후, 일주일에 한 번씩 아이가 산 물건 값을 지불하기로 했다. 그다음부터는 준비물에 대한 고민에서 어느 정도 해방되었다.

◆ **오늘 하루 주어진 시간에 최선을 다한다.**

아버지께서 얼마전 이런 말씀을 해주셨다. 굳이 몇 살까지 일하겠다고 정해두지 말고 머리가 돌아가고 건강이 허락하는 한 열심히 일하라고. 몇 년을 일할 수 있을까 걱정하기보다 오늘 하루 주어진 시간에 최선을 다하라고 말이다.

이 책을 준비하며 시간관리에 뛰어난 엄마를 소개하고 싶은 마음에 지인에게 특별히 부탁했다.
"이 세상에서 가장 바쁠 것 같은 엄마를 소개해 줘! 단, 누구보다 스타일리시해야 해."
그리고 얼마 후 그녀를 소개받았다. 열세 살 난 큰 딸과 다섯 살인 작은 딸을 둔 엄마이자, 바쁘다고 손꼽히는 광고인으로 살아가는 그녀로부터 '엄마의 시간관리 노하우'에 대해 들어보았다.

일상을 여행처럼,
여행을 일상처럼

세상에 내 아이만큼 귀엽고 사랑스러운 존재가 또 있을까? 아이를 위해서라면 하늘에서 별이라도 따주고 싶은 것이 부모 마음이다. 장난감이며 책이며 인형이며, 사주고 싶은 건 또 얼마나 많은지.

하지만 아이들에게 물질적인 지원보다 더 중요한 것은 독서와 여행, 그리고 부모와의 대화라고 말하고 싶다.

어릴 적부터 넓은 세상과 다양한 삶을 보여주어야 다채로운 꿈을 꿀 수 있다. 다양한 꿈을 꾸는 과정에서 아이들은 자기가 하고 싶은 것이 무엇인지를 깨닫게 된다. 미래에 대한 건강한 욕심과 함께.

책 읽는 엄마, 책 읽는 아이

아이가 있는 집에 가보면 집집마다 책이 빼곡히 꽂혀 있다. 그런데 가만히 살펴보면 아이들을 위한 책만 많을 뿐, 정작 엄마나 아빠가 읽는 책은 찾아보기 힘들다.

그런 걸 볼 때마다 '본인은 읽지 않으면서 아이에게만 책을 읽으라니, 그 효과가 얼마나 갈까?' 하는 생각이 든다. 책 읽는 아이로 키우고 싶다면 엄마 아빠가 먼저 책 읽는 모습을 보여주라는 얘기는 질리도록 들었을 텐데 말이다.

지금 돌이켜보면 어렸을 적엔 왜 그렇게 부모님이 보는 책에 관심이 많았는지. 어른들은 어떤 책을 읽는지 알고 싶어 서재에 있는 책을 들춰보며 호기심을 채워나간 기억이 난다. 재미있는 것은 그때 본 책이 아직까지 머릿속에 생생하게 남아 있다는 사실이다.

아이에게 좋은 책을 사주는 것 못지않게 책 읽는 습관을 물려주는 것도 중요하다. '독서는 한 발짝 움직이지 않고도 천하를 여행하게 해준다'는 말도 있지 않은가. 엄마와 함께 책 속으로 떠나는 여행은 어떤 여행보다 신나고 즐거운 시간일 것이다.

단골 도서관, 단골 서점, 그리고 단골 북카페

사실 결혼 전까지만 해도 도서관에 책을 쌓아놓고 읽는 것이 인생의 낙일 정도로 책을 좋아했다. 그런데 아이를 낳은 후 도서관에 가지 못하니 어찌나 아쉽던지. 책을 사서 읽기도 했지만 읽고 싶은 책을 다 사려니 어느 순간부터는 책값도 감당이 되지 않았다. 게다가 밖에 나가자고 조르는 아이를 팽개치고 집에서 한가로이 책만 볼 수는 없는 노릇.

그래서 생각해낸 대안이 어린이 도서관이었다. 어른 도서관과 함께 있는 곳은 그리 많지 않지만, 아쉬운 대로 책을 가까이할 수 있어서 좋다. 게다가 어린이 도서관에서는 아이에게 소리 내어 책을 읽어주거나 마음껏 책을 꺼내 봐도 아무도 뭐라 하지 않는다. 오히려 전문 사서가 도와주고 정리까지 해준다! 더 좋은 점은 (약간의 수강료만 지불하면) 문화교실 등에서 엄마들을 위한 다양한 강좌를 들을 수 있다는 것. 아이가 또래 친구들과 책을 읽으며 노는 동안, 엄마는 잡지도 보고 강의도 듣고 친구도 사귈 수 있

으니 그야말로 천국이 따로 없다.

집 근처에 도서관이 있다면 축복받은 것이라 생각하자. 지금 사는 아파트 단지 앞에는 아담하지만 알찬 구립도서관이 있다. 아이는 이곳의 어린이 도서관에서 책을 쌓는 놀이부터 시작했고, 나는 3층의 일반열람실에서 이 책을 쓰기 시작했다. 만 네 살이 되어 도서 대출증을 발급받게 되자, 아이는 자기 이름으로 책을 빌릴 수 있다는 사실에 너무나 기뻐했다.

마땅한 도서관이 없다면 아이와 함께 갈 만한 단골 서점을 물색해 보자. 아이들은 신기하게도 직접 고른 책에 각별한 애정을 보이기 때문에, 꾸준히 서점을 다닌다면 책에 대한 관심을 심어주기 쉽다.

나는 딸아이의 백일이 지난 직후부터 운동 삼아 유모차를 몰고 동네 서점을 드나들었다. 처음에는 내 책을 사러 갔다가 아이가 흥미를 붙이면서 더 자주 가게 되었다. 나중에는 자기가 고른 책을 하도 읽어달라고 졸라대는 통에, 지겨운 마음에 책을 숨겨놓은 적도 있었다. 아이에게는 슬쩍 미안한 마음이 들었지만.

전업맘인 경우 아이를 어린이집에 보내고 나면 예상치 못한 자유의 시간이 찾아온다. 이때 대형 서점에 가거나 북카페에서 책을 읽는 등 자기만의 시간을 즐겨보면 어떨까. 아이가 다섯 살이 넘으면 오붓하게 단골 북카페의 분위기를 즐길 수도 있을 것이다.

언젠가 집 근처 북카페에 들어갔다가 엄마와 아이가 나란히 앉아 있는 모습을 본 적이 있다. 아이는 꽤 어려 보였는데, 그림을 그리는 엄마 옆에 앉아 책도 보고 엄마를 따라 이것저것 그림을 그리고 있었다. 그것도 너무나 조용하고 의젓하게.

당시 두 살배기의 엄마였던 나는 그 모습이 부럽기도 하고 신기하기도 해서 물끄러미 바라보았다. 언젠가 내 아이도 저 정도 나이가 되면 둘이서 멋진 시간을 보낼 수 있겠지 하는 기대감을 안고서.

이제는 우리 아이도 한 장소에서 2시간 정도는 너끈히 버틸(?) 나이가 되어 가끔 북카페 나들이를 하곤 한다. 북카페에서 책을 읽거나 공주 연필로 그림을 그리는 아이를 볼 때마다 그날의 풍경이 떠올라 나도 모르게 입가에 미소를 짓게 된다.

엄마와 함께 미술관 놀이

예전 피카소 갤러리에서 어린아이들이 미술관 바닥에 옹기종기 모여 앉아 진지하게 그림을 그리던 모습을 보고는 깜짝 놀란 적이 있다. 뉴욕현대미술관에서는 '네 살짜리를 위한 미술 프로그램(Art for Four)'이라는 이름으로 꼬마 관객들을 VIP로 대접한다고 한다.

사실 그림은 그리는 것 못지않게 다양한 그림을 보는 것이 중요한데, 많은 부모들이 미술학원은 열심히 보내면서 아이들과 미술관에 가는 것엔 인색한 것 같다.

나는 아이가 아주 어렸을 때부터 미술관에 데리고 다녔다. 사실 교육적인 목적보다는 내가 그림을 보고 싶은 마음에 어쩔 수 없이 데리고 간 것도 있었다. 처음에는 아이가 울지는 않을까, 행여 다른 관람객에게 피해를 주

지는 않을까 하는 생각에 사람이 많지 않은 전시회나 일요일 이른 오전 시간을 택하곤 했다. 그런데 여러 번 주의를 주어서인지 몰라도 아이는 내 생각보다 빨리 미술관에 적응했다. 오히려 엄마와 다른 사람들을 보면서 미술관에서는 얌전하게 굴어야 한다고 자연스레 터득한 것 같았다.

일부 미술관에서는 (아이가 4~5세만 넘으면) 아이를 위한 도슨트를 두어 아이와 어른이 따로 그림을 관람할 수 있는 프로그램을 운영하고 있다. 그러니 진정한 휴식과 재충전을 원한다면 꼭 이용해볼 것!

서점, 미술관 외에도 아이와 함께할 수 있는 곳은 얼마든지 많다. 아이들은 어렸을 때부터 다양한 경험을 할 필요가 있다. 다만 무작정 아이를 위한 프로그램이나 놀이를 찾기보다 부모도 함께 즐길 수 있는 것부터 시작해보자. 아이의 눈높이에 맞춘 작품을 관람하고 싶다면 나들이 삼아 '어린이미술관'을 찾는 것도 좋은 방법이다. 아이와 함께 갈 만한 미술관 몇 곳을 추천한다.

국립현대미술관 어린이미술관 아이들의 감수성을 고려한 친근한 느낌의 공간으로, 중간마다 의자를 배치해두어 작품을 감상하다 쉬거나 앉아서 그림을 그릴 수 있도록 배려했다. 작품 전시뿐 아니라 예술적인 재능을 직접 표현할 수 있는 프로그램을 운영하고 있다.

에땅어린이미술관 미술교육의 힘을 알리고자 아동화만을 소개하는 미술관. 크게 초대전과 기획전으로 구성되며, 기획전은 연간 4회를 기본으로 매번 다른 형식의 작품전이 개최된다.

삼성미술관 리움 어린이 & 가족 참여 프로그램 한남동 중턱 이태원 근처에 위치한 삼성미술관 리움. 2개의 미술관과 어린이 교육을 위한 공간으로 구분되어 있다. 정기적인 가족 참여 프로그램과 어린이 프로그램이 마련되어 있으니 도심 속 '문화 데이트'를 즐겨보자.

예술의 전당 어린이 미술 아카데미 한가람 미술관에서 열리는 특별 어린이 관련 전시회 및 '엄마랑 아가랑 수업(3~4세)' 등 창의성을 키우기 위한 미술 아카데미가 체계적으로 마련되어 있다.

소마미술관 올림픽 공원 안에 위치해 있으며, 미술관을 나오면 바로 조각공원과 연결된다. 열린 전시를 하기 때문에 유아도 어른 전시를 볼 수 있다. 그림에 관심 있는 엄마라면 '소마 드로잉 센터'에도 들러보자.

아이와 함께 미술관 즐기는 법

- 사람이 많지 않은 시간을 이용해 더욱 쾌적한 환경에서 관람하자. 평일이나 일요일 오전이 좋다.
- 미술관에 따라 차이는 있겠지만 보통 36개월 이하의 아이는 무료관람이며, 상설전시 또한 모두 무료이므로 이를 잘 활용하자.
- 전날 아이에게 미술관에 관한 책을 읽어주며 관람 태도를 미리 주지시킨다.
- 어린아이라고 해서 꼭 어린이 전시만 다닐 필요는 없다.
- 관람 전 화장실을 다녀오고 간단한 간식을 먹여 편안한 관람이 되도록 하자.

스타일 맘이 추천하는
아이 책 BEST (한글동화 편)

독서모임 '해질 때까지' 남승희가 추천하는 한글동화

♦ **노란 우산** | 류재수 지음 | 신동일 작곡 | 보림

글 대신 음악이 그림과 더불어 이야기를 들려주는 책. 글씨가 없어서 오히려 상상력을 마음껏 발휘하게 된다. 아이, 어른 할 것 없이 모두 좋아하는 책으로, 책을 읽다 보면 마치 피아노 선율이 빗줄기 소리처럼 느껴지기도 한다. 비오는 날 아이와 함께 책을 읽으며 음악을 들어보라고 권하고 싶다.

♦ **구름빵** | 백희나 글·그림 | 김향수 사진 | 한솔수북

누구나 한 번쯤 생각해보았을 구름에 대한 상상력을 소재로 한 책. 나뭇가지에 걸린 작은 구름을 보고 신기한 마음에 집으로 가져온 아이들. 엄마는 구름을 반죽해 빵을 만들고, 구름빵을 먹은 엄마와 아이들이 구름처럼 두둥실 떠오른다는 창의력 만점짜리 판타지. 회사에 늦은 아빠를 위해 구름빵을 가져다준 아이들의 따뜻한 마음이 인상적이다. 볼로냐 국제 어린이 도서전 픽션 부분에서 '올해의 일러스트레이터'로 선정된 작가의 내공이 돋보인다.

♦ **엄마 옷이 더 예뻐** | 황유리 지음 | 길벗어린이

엄마의 옷이나 액세서리라면 뭐든 관심을 갖는 아이들의 마음을 재미있고 실감나게 그려낸 책. 주인공 예준이는 엄마가 외출한 동안 엄마 원피스를 입어보다 초인종 소리에 너무 놀란 나머지 원피스를 밟고 만다. 엄마의 찢어진 원피스가 할머니의 재봉틀 솜씨로 엄마의 블라우스, 할머니의 스카프, 예준이의 작은 원피스, 강아지 옷으로 변신하는 결말이 신선하다. 엄마들이 읽다 보면 어릴 적 엄마 구두를 몰래 신어보던 추억이 새록새록 떠오를지도.

♦ 아빠는 어디쯤 왔을까? | 고우리 지음 | 문학동네
아빠를 기다리는 아이의 마음과 아빠의 퇴근길을 기발하게 표현한
책. 아이가 아빠를 기다릴 때 읽으면 잠이 들어도 기분 좋은 꿈을 꿀
것 같은 기분마저 든다. 책에 등장하는 엄청난 아이스크림이 아이를
사랑하는 아빠의 모습을 더더욱 실감나게 묘사하고 있다. 제7회 서
울동화일러스트레이션상 수상작.

♦ 눈물바다 | 서현 글 · 그림 | 사계절
아이들의 하루를 위로해주고 눈물을 긍정해주는 그림책. 머피의 법
칙처럼, 아무것도 되는 일이 없는 하루를 유머러스하게 표현한다. 주
인공은 일이 자꾸 꼬이자 분한 마음에 엉엉 울어 세상을 눈물바다로
만든다. 튜브를 타고 취재 나온 아나운서, 인당수에 뛰어든 심청이,
녹아내리는 얼음 위에서 떨고 있는 북극곰과 열심히 연습하는 수영
선수들을 보며 실컷 웃어보자. 속상하고 우울한 기분이 드는 어른들
에게도 권해주고 싶은, 독특한 재미가 느껴지는 동화책.

♦ 파도야 놀자 | 이수지 지음 | 비룡소
글자 하나 없지만 그 어떤 책보다 재미있게 읽을 수 있는 책. 파도
와 드넓은 바다를 바라보는 여자아이의 뒷모습이 매우 인상적이다.
볼로냐 국제 어린이 도서전에서 '올해의 일러스트레이터'로 뽑힌 작
가는 이 책으로 2008년 〈뉴욕 타임스〉 우수 그림책에 선정되기도.
바다를 좋아하는 아이들에게 실제로 시원한 바다에 놀러간 기분을
맛보게 해준다.

♦ 괜찮아 | 최숙희 지음 | 웅진주니어
'괜찮아'라는 긍정의 메시지를 담고 있는, 아이에게 자신감을 심어줄
수 있는 책. 개인적으로 내 아이에게 읽어줄 때마다 너무 좋아해 100
번도 넘게 읽어준 것 같다. 독자들의 많은 사랑을 받아 초등학교 교
과서에도 실리고 영문판으로도 출간되었다.
왠지 일이 잘 안 풀리는 날이면 아이와 함께 이 책을 읽어보자. 그
리고 큰 소리로 말해보자. '괜찮아!' 라고.

스타일 맘이 추천하는
아이 책 BEST (영어동화 편)

영어독서지도자 강유진이 추천하는 영어동화

◆ LOVE YOU FOREVER
Robert Munsch | A FIREFLY BOOK

아이가 태어나서 어른이 되는 시간의 흐름을 엄마의 사랑과 자장가를 소재로 그려낸 책. 책 속 CD에 담긴 자장가를 들으며 책을 읽다 보면 가끔 눈물이 날 정도로 감동적이다. 아이의 자장가로도 좋겠다 싶어 가끔 잠들기 전 틀어주었더니 이제는 외워서 흥얼거릴 정도. 아이를 사랑하는 엄마의 마음을 담은, 아이와 엄마가 함께 읽기 좋은 책.

◆ WILLY'S PICTURES
Anthony Browne | WALKER BOOKS

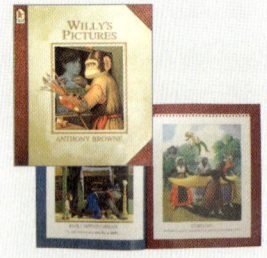

Willy라는 원숭이가 유명한 명화를 위트 있게 패러디한 그림을 담은 책. 이보다 더 재미있게 그림을 감상할 수 있을까? 원작인 명화가 무엇인지 찾아보고 비교해가면서 읽는 재미가 쏠쏠하다. 아이와 미술관에 가기 전 읽어도 좋다. 엄마가 미처 발견하지 못한 부분을 아이가 찾아낼 적마다 기분이 좋아진다.

◆ Thanks to You
Julie Andrews Edwards & Emma Walton Hamilton | HARPER

아이가 어렸을 적부터 엄마와 아이가 함께 찍은 사진을 담은 책. 모녀간의 애정이 느껴지는 사진을 보면 자기도 모르게 잔잔한 미소를 짓게 된다. 사진과 함께 어우러진 소소한 글귀가 감동적으로, 특히 마지막 페이지에 실린 나이 든 모녀의 모습은 보는 이의 마음을 찡하게 한다.

♦ Sunshine On My Shoulders
Christopher Canyon | JY Books
존 덴버의 노래 가운데 가장 잘 알려진 'Sunshine On My Shoulders'를 책에 담았다. 존 덴버의 목소리를 들으며 책을 읽다 보면 동화 속 주인공과 기타를 치고 노래하는 기분이 들기도. 우리나라에서는 《내 어깨에 쏟아지는 햇살》이라는 제목으로 번역되어 출간되었다.

♦ THE Library
Sarah Stewart | FARRAR STRAUS & GIROUX
'기부'의 가치를 실감할 수 있는 책. 독서광인 주인공이 평생 동안 소장해온 수많은 책을 도서관에 기부하는 장면에서 가슴이 따뜻해진다. 엄마와 아이가 함께 봐도 손색없는 내용의 이야기.

♦ To everything there is a season
Leo & Diane Dillon | THE BLUE SKY PRESS
'무슨 일이든 다 때가 있다'라는 책의 메시지를 그림으로 표현한 책. 무엇보다 딜런 부부의 공동작품이어서 한층 훌륭한 완성도를 자랑한다. 읽고 나면 한 권의 철학책을 읽은 것처럼 많은 생각을 하게 되는 책으로 우리나라에서는 《무슨 일이든 다 때가 있다》라는 제목으로 번역, 출간되었다.

♦ 하루 20분 영어 그림책의 힘 | 이명신 지음 | 조선일보 생활미디어
영어 동화는 아니지만 그림책을 통해 아이에게 영어를 가르치고 싶은 엄마들을 위해 추천하는 책. 많은 영어 선생님을 제자로 둔 영어독서 지도사인 저자가 하루 20분을 투자해 아이와 함께 영어 동화책을 즐겁게 읽을 수 있는 노하우를 알려준다. 사교육비를 줄이고자 '엄마표 영어'를 배우고 싶어 하는 스타일 맘에게 훌륭한 지침서가 되어 줄 것이다.

봄부터 겨울까지, 사계절 추억 만들기

어른이 되고 나서는 계절이 바뀌어도 예전만큼 감흥을 느끼지 못하고 지나갈 적이 많아졌다. 계절이 바뀐 것도 잊고 있다가 또다시 계절이 바뀔 때면 왠지 허탈한 기분이 들기도 했다.

하지만 아이가 생기면서부터 나도 모르게 계절에 민감해졌다. 아이에게는 새로운 계절이 또 다른 세상이자 소중한 경험이니까.

햇살이 따뜻한 봄이면 아이와 함께 공원이나 숲으로 피크닉을 떠나자. 예쁜 도시락과 매트만 있어도 짧은 여행을 떠난 기분을 만끽할 수 있다. 손재주가 있다면 피크닉 매트를 직접 만들어보는 것도 색다른 재미 중 하나. 자신이 없다면 예쁜 천을 사서 깔아놓기만 해도 좋다. 참고로 방수가 되는 천은 따로 재봉질을 하지 않아도 되는 것이 장점. 도시락은 먹기 편한 주먹밥이나 과일꼬치 정도면 OK! 좀 더 분위기를 내고 싶다면 부부를 위해 플라스틱으로 된 야외용 와인잔을 준비하자.

여름이 오면 캠핑카를 타고 신나게 바닷가를 달려보고 싶다는 로망이 있었다. 다행히 요즘에는 캠핑카 대여서비스가 많아져서 캠핑카 이용이 그리 어렵지 않은 편. 대형 캠핑카가 부담스럽다면 해수욕장 옆에 있는 오토캠핑장을 이용해보자. 여름휴가로 갈 만한 곳을 알아보다 동해의 망상 해수욕장 옆에 있는 망상 오토캠핑장에 다녀온 적이 있다. 바다를 바라보며 캠핑카에서 보내는 하룻밤이야말로 낭만 그 자체! 시원한 밤바람을 맞으

spring

햇살 좋은 봄날의
피크닉 여행!

summer

캠핑카에서 꾸는
한여름밤의 꿈

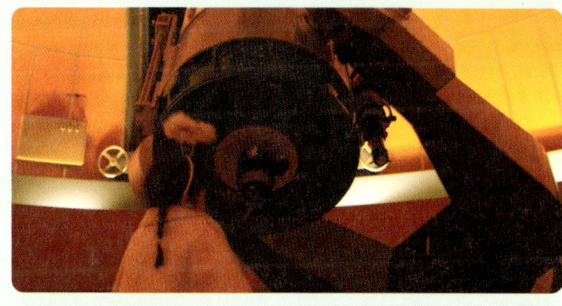

autumn

가을밤에 떠나는
천문대 여행

winter

아이와 눈으로
추억을 만들다!

며 먹던 바비큐, 밤하늘을 가르는 불꽃놀이, 아침 해를 바라보며 걷던 바닷가…. 그 어떤 여행보다도 가슴 속 깊이 남는 여행이 되었다.

평소 밋밋하게 느껴지던 고궁도 아이와 함께라면 색다른 분위기로 돌변한다. 이왕이면 운치가 넘치는 가을에 가보라고 권하고 싶다. 도심 속에서 낙엽을 밟는 재미까지 만끽할 수 있을 테니까! 주운 낙엽으로 미술놀이를 하거나 낙엽에 관한 이야기를 나누어보자.
가을밤에 떠나는 별자리 여행도 잊지 못할 추억. 어린 시절 밤하늘의 별을 세던 추억을 떠올리며, 아이에게 별자리에 숨은 재미있는 사연을 들려주자. 장흥에 위치한 송암 천문대는 리얼한 우주여행과 천체 관측 등의 체험학습으로 유명하다.

첫눈이 오면 소원을 빌던 소녀는 어느 순간 눈을 귀찮아하는 어른이 된다. 그러나 아이가 태어나면서부터 다시 눈을 반가워하는 자신을 발견한다! 방수복으로 잘 무장(?)시켰다면, 아이와 함께 눈을 뭉쳐보자. 눈사람도 만들고 눈싸움도 해보자. 빗자루를 들고 나와 눈청소를 하는 것도 아이와 함께라면 한바탕 신나는 놀이가 될 것이다.

엄마의 하루 휴가, 호텔 패키지

조금씩 일상에 지쳐갈 때쯤 남편이 건네준 봉투 하나. 편지 쓰는 걸 좋아하는 남편이기에 러브레터인가 하고 열어보니 바로 '호텔 숙박권'이었다.

갑자기 남편이 열 배쯤, 아니 백 배쯤 사랑스러워 보였다!

해외여행도 아니고 도심 속 호텔에서 하루 자는 게 뭐 그리 특별하냐고 생각할지 모르겠지만, 어린아이를 둔 엄마에게는 그야말로 최고의 기분 전환이다.

어린아이를 데리고 멀리 여행을 떠나기란 좀처럼 쉽지 않은 일. 그렇다고 남들 다 놀러가는 휴가철에 집에만 처박혀 있다가는 한없이 우울해질 수도 있다. 이럴 때 강추하고 싶은 것이 바로 도심 호텔 패키지!

호텔에서는 간혹 놀랄 만큼 할인된 가격으로 상품을 판매한다. 그럴 때 과감하게 1박 2일 휴가를 질러보자! 호텔 레스토랑에서 한껏 분위기도 내고, 온 가족이 집에서 준비해간 음식을 먹으며 온종일 뒹굴어도 좋다. 하루만이라도 '엄마'라는 역할을 벗어던지고 자신에게 재충전할 기회를 선물하자.

아이와 놀러갈 때 짐 잘 싸는 노하우

◆ 아이에게도 아이용 트렁크나 가방을 마련해주자. 스스로 자기 짐을 챙기는 습관을 들일 것이다.

◆ 비상약품을 꼭 챙긴다. 특히 아이용은 종류 별로 챙겨두자.

◆ 동화책, 스티커 북, 블록, 인형 등 아이가 평소에 좋아하는 것들을 챙겨두면 요긴하게 쓰인다.

◆ 바다에 놀러갈 때는 물에 젖지 않는 슬리퍼나 모래놀이 도구를 잊지 말자.

◆ 어딜 가든 수영복은 항상 챙긴다. 바닷가가 아닌 호텔에도 수영장은 있다!

◆ 아이와 커플 잠옷을 챙겨두면 의외로 재미난 추억을 만들 수 있다.

다양한 추억, 다양한 일기

일기는 단순한 기록 이상의 의미를 갖는다. 일기에는 아이의 시간과 부모의 시간을 정리해주고, 자신의 삶을 복습하고 예습하게 만드는 힘이 있다. 일기를 씀으로써 어제를 추억하고 오늘을 기억하고 내일을 계획할 수 있는 것이다.

어릴 적에는 일기를 빼먹지 말라는 선생님 말씀이 잔소리처럼 느껴졌는데, 어른이 되고 나니 일기가 얼마나 소중한지를 실감하게 되었다. 어릴 적부터 쓴 일기는 세상에 하나뿐인 나의 역사책이자, 내일로 나아갈 수 있는 밑거름이다!

나 또한 이런 마음에서 아이와 함께 일기를 써왔다. 일기를 쓸 때도 매번 똑같은 형식보다 다양한 스타일을 시도한다면 몇 배는 더 신나고 재미있게 쓸 수 있다. 그중 몇 가지를 소개해보려 한다.

아이와 같이 쓰는 사진일기

사람의 기억은 한정적이다. 아마 사진이 없었다면 정말 소중한 순간조차 기억하기 힘들었을 것이다. 더구나 아이를 낳고 나면 자나 깨나 '건망증'이란 친구가 따라다닌다. 나쁜 일이야 쉽게 잊어버릴수록 좋겠지만, 인생에서 잊고 싶지 않은 행복한 순간이 기억에서 날아가버리는 건 정말 아쉬운 일이다. 그래서 남는 건 사진밖에 없다고들 하는지도.

내가 사진이 갖는 매력을 다시 보게 된 계기는 모리 유지의 《다카페 일기》라는 책을 읽고 나서였다. 아빠인 모리 유지가 가족의 소소한 일상을 찍은 사진 일기인데, 사진들이 하나같이 어찌나 자연스러운지 보고 있으면 내 마음까지 따뜻해지는 기분이 들었다.

이 책을 읽고 난 후 나도 내 일상을 사진으로 기록해보고 싶다는 생각이 들었다. 사랑스런 아이의 모습, 한 살이라도 젊은 내 모습, 그리고 가족과 친구들의 추억….

사진에 자신이 없다 해도, 햇빛과 서로 사랑하는 마음만 갖추면 된다는 자신을 갖고 사진 일기에 도전해보자. 전문가가 찍은 화보처럼 멋질 필요도 없다. 사실, 그럴 수도 없지 않은가. 내용에 구애받을 필요도 없다. 추억으로 남기고 싶은 장소도 좋고, 특별한 여행지도 좋고 맛있는 음식도 좋

다. 매일 사진을 찍고 붙이는 게 귀찮다면 한 달에 한 번쯤 미니 홈피나 블로그의 사진을 인화해 붙여보는 것부터 시작하자.

아이 사진 예쁘게 찍기 : 파파라치처럼 아이를 찍어보자.

아이들은 무엇보다 움직임이 많고, 어른만큼은 아니지만 카메라를 들이대면 경직된 표정을 짓는다. 사진 찍기 어려운 유아일수록 '캔디드 포토(candid photo)'를 활용하면 자연스러운 사진을 얻을 수 있다. 캔디드 포토를 쉽게 설명하자면 몰래 찍으라는 뜻이다.

'○○야!' 하고 이름을 불러 돌아본 순간 사진을 찍는다던가, 카메라를 뒤에 숨기고 있다 순간적으로 찍는 방법 등이 있는데, 아이가 카메라를 의식하지 않을 때 가장 자연스럽고 좋은 사진이 나온다. 움직임이 많기 때문에 셔터 스피드를 기본적으로 빨리 찍히게끔 맞추어주는 것이 좋고, 갓난아이의 경우 좋아하는 인형을 이용해 시선을 끄는 방법도 효과적이다. 결국 아이의 눈높이에서 촬영해야 가장 아이다운 표정이 살아난다.

아이 사진은 다시 돌아오지 않는 가족의 역사와 마찬가지다. 꾸미지 않은 모습은, 아이의 첫 순간은, 엄마만이 찍을 수 있는 추억이다.

나뭇잎 독서일기

《10살 전 꿀맛교육》의 저자 최연숙은 독서 노트를 따로 준비해서 책 제목만 열심히 썼다고 한다. 아이가 어릴 때는 책 제목을 쓰는 것만으로도 큰 공부가 된다.

아이가 책을 한 권씩 읽을 때마다 나뭇잎 모양의 색종이에 책 제목을 써서 벽에 붙여놓으면, 책 읽는 재미와 함께 독서 나뭇잎을 늘려가는 보람을 느낄 수 있다.

어렸을 때는 똑같은 책을 여러 번 반복해서 읽으려 하기 때문에 몇 번 읽었는지 표시해두는 것도 재미를 준다.

계절이 바뀔 때마다 어울리는 색깔의 나뭇잎을 붙여보는 것도 만만찮은 즐거움!

엄마표 글자카드 일기

아이에게 한글을 가르치는 데 유용한 것 중 하나가 낱말카드.

기존에 판매되는 것들이 많긴 하지만 내 맘에 딱 드는 것을 찾기는 쉽지
않았다.

그래서 생각해낸 것이 엄마표 글자카드 일기!

오늘 있었던 일을 대표하는 사물을 사진으로 찍어 붙인 다음, 그
아래 한글로 단어를 적는다. 고스란히 모아두었다가 일주일에
한 번씩 코팅하면 하나밖에 없는 엄마표 글자카드 완성! 자신의
경험과 함께 기억할 수 있으므로 더 빨리 단어를 익힐 수 있다.

엄마와 함께 쓰는 감사일기

아이가 글을 읽고 쓸 줄 아는 나이가 되면 '감사일기'에 도전해보자. 매일매
일 하기 어렵다면 일주일에 한 번이라도 좋으니 이번 주에 감사했던 일을
적어보자.

어느 날 아이가 이런 말을 했다. "엄마, 나는 왜 이렇게 감사한 게 많지?"
아이의 말을 듣고난 후 오히려 내가 아이에게 많은 걸 배워야겠다는 생각
이 들었다. 매사 남들과 비교하던 내 자신이 조금 부끄럽기도 했다.

감사도 습관이다. 사실 감사할 만한 상황에서 감사는 누구나 할 수 있다.
도저히 감사할 수 없는 상황에서도 감사할 줄 아는 것이 진정한 감사가 아
닐까. '감사일기'로 작은 일에 감사하는 습관을 들이면, 더 크게 감사할 일
늘도 생기고 밝고 환한 집 안 분위기를 유지할 수 있을 것이다.

스타일리시한
'엄마표' 데코 도전기

인터넷에서 맹활약을 펼치고 있는 와이프로거(Wifelogger)까지는 아니더라도, 아이가 쓸 물건을 직접 만들거나 아이방 꾸미기에 도전하는, 이른바 엄마표 데코가 대세다. 사실 비용이나 들어가는 수고를 생각하면 전문업체에 맡기거나 기존 상품을 이용하는 것이 훨씬 편하겠지만, 내 아이에게 좀 더 특별한 스타일을 선물하고 싶은 것이 엄마들의 속내가 아닐까.
자, 특별한 날이든 평범한 날이든 변함없이 스타일리시한 '엄마표 데코'에 도전해보자. 이 장에서는 평생 단 한 번뿐인 아이의 돌잔치와 아이방 인테리어를 소개한다.

스타일리시한 돌잔치, 무엇을 어떻게 준비할까

아이의 첫 번째 생일, 돌잔치. 최근에는 돌잔치 대신 기부를 하거나 여행을 가는 부부들도 많아졌지만, 그래도 빼먹으면 서운하고 섭섭한 것이 아이의 돌이다. 그런데 막상 돌잔치에 가보면 어찌나 다들 비슷비슷한 풍경들인지. 특히 사회자의 지나친 오버 액션과 식상한 행사를 보면서 성의가 없다는 생각이 든 건 나뿐일까?
식상한 행사가 싫다면 파티 전문업체에 맡겨도 좋겠지만 비용도 만만치 않을뿐더러 맘에 썩 들지 않는 것도 사실. 전문가의 손과 엄마의 센스를 적절히 믹스해 멋진 돌잔치를 연출할 수 있는 노하우를 알아보자.

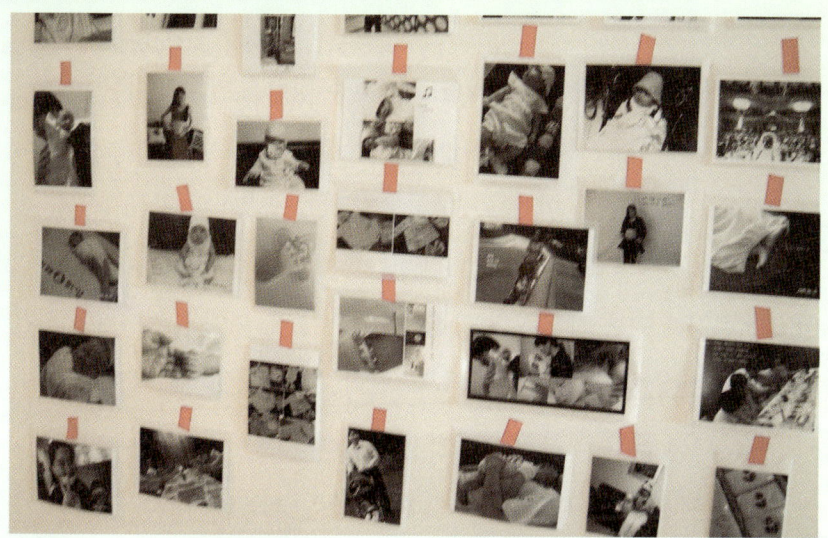

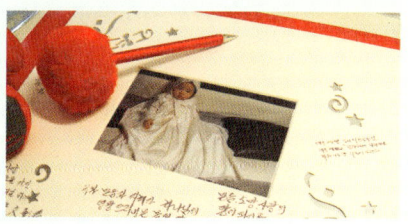

돌잔치에 정석은 없다.

아이의 첫돌은 다시 돌아오지 않을 소중한 추억이다. 남들이 하니까 하는, 돌잔치는 원래 이렇게 하는 거라는 고정관념 따위는 잠시 접어두자. 형식에 연연하기보다, 내가 아끼는 사람들에게 맛있는 음식과 멋진 추억을 선물하겠다는 생각으로 소신껏 준비하자.

사진에 조예가 깊은 지인은 작은 전시공간을 빌려, 아이를 기다리던 시간과 아이가 세상에서 보낸 일 년을 고스란히 담아 '사진 전시회'를 열었다. 나는 평소 '티 파티'에 대한 로망이 있었기에, 친한 사람들만 불러 꼭 하고 싶었던 티 파티를 열었다. 컨셉은 FUN(Fun, Unique, Nanum)으로. 함께 독특하고 재미있는 시간을 나누어보자는 의미였다.

돌잔치의 컨셉을 정했다면 그에 맞는 장소를 정하자.

주말에 가족과 친한 친구들만 부르는 자리라면 교외의 예쁜 카페나 팬션을, 직장 동료들이 주로 참석하는 평일이라면 도심에 있는 전시공간이나 정원이 딸린 레스토랑을 추천하고 싶다.

장소를 결정하면 돌잔치 준비의 반은 된 것이다. 장소는 미리미리 정해두는 것이 좋다. 돌잔치를 겪어본 맘들의 증언은 '결혼식 다시 한 것 같다'는 것. 그만큼 준비할 것도 많고 준비기간도 길다. 특히 장소는 뒤늦게 준비를 시작하면 낭패를 당하기 쉽다.

장소를 정했다면 본격적인 준비를 시작하자.

엄마가 손수 아이의 첫 생일을 준비하는 것, 쉽지는 않지만 잘만 하면 그리 어렵지도 않다. 엄마의 센스를 조금만 발휘한다면 식상한 돌잔치가 신나는 홈파티로 바뀔 수 있다!

그렇다고 혼자서 다 하려다가는 죽도 밥도 안 되고 병만 난다. '가장 잘할 수 있는 부분'에만 엄마가 집중하는 편이 스타일이 산다. 나머지는 전문 업체의 도움을 받자. 내가 잘하는 것을 최대한 살리고, 자신 없는 부분은 신뢰할 만한 업체에 맡기되 원하는 컨셉이 무엇인지를 정확하게 설명하자.

모든 파티의 데코레이션은 컬러에 따라 크게 좌우된다. 돌잔치는 아무래도 '아이'의 생일인 만큼 지나치게 화려하지 않으면서 밝고 경쾌한 느낌을 살리는 것이 좋다. 화이트를 전체 컬러로 정하고 이와 대비되는 컬러를 한 가지 정도 매치하면 의외로 간단하게 연출할 수 있다.

내가 선택한 것은 화이트와 레드. 순수하고 사랑스러운 화이트 컬러에 화려한 레드로 포인트를 주었는데, 답례품 포장도 레드로 통일했더니 자체만으로도 데코 효과를 톡톡히 볼 수 있었다.

그 밖에 신경 써야 할 돌잔치 데코로는 꽃, 케이크, 풍선, 돌잡이, 돌상 등이 있다. 이 또한 마찬가지로 화려하게 꾸미기보다 몇 가지 포인트만 강조하자. 특히 개인적인 의미를 담아 만든 돌잡이 용품은 아이에게 소중한 추억이 되므로 꼭 도전해볼 것!

다음으로 중요한 파티에서 절대 빼놓을 수 없는 것이 드레스 코드다. 손님들에게까지 드레스 코드를 정해주는 건 살짝 오버지만, 가족끼리 드레스 컨셉을 통일하면 보는 사람도 입은 사람도 기분이 좋아진다.

가족 커플룩은 컬러만 맞으면 특별히 신경 쓰지 않아도 같은 곳에서 맞춘 옷처럼 둔갑한다.

개인적으로는 '블랙 앤 화이트'를 추천하고 싶다. 단정하고 세련되어 보이는 데다 시간이 흐른 뒤에도 전혀 어색하지 않다. 다만 전부 블랙으로 입을 경우에는 답답해 보일 수 있다는 점을 명심하자.

엄마와 딸아이가 핑크 계열로 맞추어 입는 모습도 종종 볼 수 있는데 그때는 보다 심플한 디자인을 골라야 한다. 남편 옷은 기존 블랙 슈트에 셔츠와 타이만 바꾸어 포인트를 주자. 엄마 옷은 시간이 지나도 유행을 덜타는 것으로 권한다. 아이 옷은 보넷과 세트를 이루는 드레스나 심플한 차림에 액세서리로 포인트를 주는 것이 좋다. 참고로 돌잔치 의상을 대여하려면 3~4주 전에는 예약해야 차질을 빚지 않는다.

자, 이제 돌잔치의 컨셉도 장소도 모두 정해졌다. 다음으로 당신을 기다리고 있는 것은 '초대 손님'이라는 두 번째 산이다. 초대 손님 리스트를 만들어 4주 전에 연락하고 돌잔치가 열리기 일주일 전 다시 한 번 연락하자. 손님이 많을 경우에는 메일이나 문자로 장소와 시간을 정확히 고지한다. 꼭 직접 참석해야만 축하를 받는 것은 아니므로 오는 사람이 대략 정해졌다면 개개인의 참석 여부에 크게 신경 쓰지 말자.

대신 초대 손님을 위한 감사 인사는 빼먹지 말아야 한다. 돌잔치에서 의외로 중요한 것 중 하나가 애프터 인사다. 초대할 때는 여러 번 전화하더니 정작 행사가 끝난 후 아무런 연락이 없으면 괘씸하게 느껴질 수도. 그러니

다녀간 손님에게는 문자로라도 감사함을 표시하자.

답례품 역시 엄마의 센스를 유감없이 발휘할 수 있는 대목이다. 흔한 기념품보다는 작더라도 정성이 들어간 것을 준비해야 '역시 다르다'는 말을 들을 수 있다. 우산이나 수건처럼 너무 흔한 것보다는 소소한 즐거움을 주는 아이디어 상품이나, 지나치게 무겁지 않은 것으로 준비하자.

내 친구는 커피 전문점 쿠폰을 준비해 커피를 즐겨 마시는 직장인들의 열렬한 호응을 얻었다. 나는 직장에 다니는 손님들이 많아서 사무용품을 준비했는데, 나중에 흔한 답례품 같지 않아서 너무 좋았다는 칭찬을 들었다.

모든 걸 완벽하게 준비해도 '주인공'의 컨디션이 좋지 않으면 말짱 헛일이다. 돌잔치 당일 아이의 컨디션에 각별히 신경 쓰자.

평소 아이가 낮잠 자는 시간 등을 고려해 최상의 컨디션을 유지하도록 조절해줄 필요가 있다. 당일에는 엄마 아빠가 바빠서 아이를 세심하게 돌볼 수 없을 테니 대신 아이를 돌봐줄 가족이나 지인을 섭외해놓는 것도 좋은 방법.

고심해서 준비한 돌잔치를 성공적으로 마무리하고 싶다면 사진과 비디오에 목숨 걸자.

평생 한 번뿐인 돌잔치인데 정작 손님을 맞느라 분주한 나머지 그 날의 분위기를 상세히 기억하지 못해 아쉬울 때가 많다. 시간이 흐른 후에 과거를 추억할 수 있는 건 역시 사진이나 영상뿐.

사진은 많이 찍는 것도 중요하지만 일단 사진기사에게 원하는 컨셉을 자세하게 설명하자. 주변에 사진 찍는 것을 즐기는 친구나 지인이 있으면 편하게 사진을 찍어달라고 부탁해도 좋다. 아무래도 여러 명에게 부탁하면 다양한 사진이 나와 더더욱 풍성한 추억이 될 것이다.

돌잔치 체크리스트

- ◆ **행사날짜** 가급적 아이 생일을 넘기지 않는다.
- ◆ **장소** 최소 6개월 이전에 결정한다.
- ◆ **초대인원 및 명단** 인원은 20~30% 정도 여유를 둔다.
- ◆ **예산 책정** 식비 및 스냅사진, 답례품까지 빠짐없이 포함한다.
- ◆ **사진** 포토 테이블에 초음파 사진부터 돌사진까지 미리미리 준비한다. 성장 동영상도 잊지 말자.
- ◆ **당일 촬영** 출장촬영은 돌사진을 찍은 스튜디오에서 같이 하는 것이 좋다.
- ◆ **의상** 아이 돌빔, 엄마 아빠 의상 모두 빠짐 없이!
- ◆ **돌상** 엄마표 돌상과 업체의 돌상 중 양자택일을 하는 것이 좋다.
- ◆ **초대장** 특별한 경우가 아니면 온라인 초대장을 권한다.
- ◆ **테이블 장식** 풍선, 꽃, 미니액자, 덕담카드 등을 주로 이용한다.
- ◆ **돌잡이 용품** 아이에게 추억이 될 수 있는 물건을 직접 만드는 경우도 많다. 돌잡이 용품은 중요한 데코 요소다.
- ◆ **이벤트 선물** 유행을 타지 않고 부담스럽지 않은 것으로 3~5개 정도 준비하자.
- ◆ **케익** 별도로 주문하거나 장소를 제공하는 곳과 상의해보자.

백일을 위한
기저귀케이크 만들기

예쁘고 실용적이기까지 해서, 베이비 샤워나 백일 축하선물로 인기
만점인 기저귀케이크.
손재주가 좋은 스타일 맘이라면 특별한 날 기저귀케이크를 직접 만
드는 센스를 발휘해보자!
화려하기도 하지만 엄마의 남다른 정성이 담긴 만큼, 어떤 것보다 스
타일리시한 선물이 될 수 있을 것이다.

◆ 재료

기저귀 50~60개(기저귀에 따라 다른데, 매직팬티는 50개, 신생아용
은 60개를 사용한다. 부피가 큰 기저귀라도 더 촘촘하게 말아 60개
로 만들면 탄탄하고 예쁜 모양의 케이크가 완성된다).
OPP 투명 비닐, 노란 고무줄, 원형 케이크 받침(혹은 우드락),
양면 테이프, 투명 원통 기둥(혹은 키친타올 심지), 도일리,
컬러 리본, 인형이나 신발 등의 선물 장식

◆ 만드는 방법

1. 원형 케이크 받침에 도일리를 붙인다. 케이크 받침이 없으
   면 우드락을 잘라 만든다.

2. 원형 받침에 양면 테이프로 기둥을 붙인다. 투명 기둥이 없을 경
   우 키친타올 심지를 활용한다.

3. 기저귀를 돌돌 말아 OPP 비닐로 포장한다. 이때 아주 탄탄하게
   말아주어야 예쁜 모양의 기저귀케이크가 완성된다.

4. 1단은 안쪽부터 6개, 12개, 18개 순서로 고무줄을 늘려가며 돌
   돌 말린 기저귀를 채워넣는다.

5. 2단도 마찬가지 방식으로 6개, 12개의 기저귀를 채워넣는다.

6. 마지막으로 3단에 6개의 기저귀를 올린다.

7. 자기가 좋아하는 컬러의 리본으로 묶어준 다음, 맨 위쪽에 선물
   하려는 소품을 얹어준다. 소품은 딸랑이, 신발, 인형, 옷 등 취향
   과 용도에 맞춰 고른다.

리본은 두꺼운 것이 보기에
좋고 지나치게 화려한 것보다
심플하게 연출하는 편이
훨씬 예쁘다.
바로 선물할 거라면 리본 대신
꽃을 달아주어도 좋다.
선물할 때는 투명 비닐에
담아 포장하면 끝.

아이방 인테리어도 엄마의 스타일

아이를 키우면서 신경 써야 할 일들이 무수히 많겠지만, 그중 빼놓을 수 없는 것 하나가 아이방 인테리어. 아이방은 아이에게 정서적 안정감을 선사하고 상상력을 키워주는, 그 어떤 환경보다 중요한 장소다.

그렇다고 무작정 최고로만 갖추어놓는 것이 능사는 아니다. 아이방은 아이와 함께 성장한다. 즉, 아이의 나이에 따라 준비해야 할 품목도 달라진다는 얘기. 아이가 자라면서 방의 쓰임새나 가구 등이 바뀔 것을 고려해 처음부터 인테리어에 올인하지 말자.

아이들은 세 살을 넘어서면 자기 방과 물건에 대한 애착을 드러내기 시작한다. 특히 어린이집이나 유치원에 다니면서부터는 자기 물건에 대한 관심이 극도로 커지기 때문에, 그때마다 아이 취향을 고려해 하나씩 차근차근 마련해주면 된다.

아이방 인테리어에도 아이 옷과 마찬가지로 엄마의 센스가 중요하다. 꼭 필요한 것만 사서 좀 더 효율적이고 스타일리시하게 꾸며보자.

아이방 인테리어는 수납이 관건

보관해야 할 물건은 많은데 비해 넓지 않은 곳이 바로 아이방. 게다가 아이가 자랄수록 점점 챙겨야 할 물건이 늘어나면서 엄마의 스트레스 지수 또한 한없이 올라만 간다. 아이방 수납의 최대 관건은 비좁은 공간을 넓게 활용하는 것!

사실 자투리 공간만 잘 활용해도 충분한 수납 공간을 확보할 수 있다. 아이방에 침대나 책장이 있다면 그 아래 수납장을 만들어보자. 부피가 커서 꽂기 힘든 스케치북이나 앨범 등은 책꽂이가 아닌 수납장에 넣으면 깔끔하게 보관할 수 있다. 벽을 장식하는 데 효과적인 월 포켓도 무시할 수 없는 수납 공간이 된다. 침대 위쪽이나 문에 걸어두고 자잘한 물건들을 넣어두면 보기도 예쁘고 정리하기도 편하다.

수납 공간은 인테리어뿐 아니라 아이의 정리정돈 습관을 길러준다는 면에서도 매우 중요한 역할을 한다. 아이는 물건을 찾는 데 서투르다는 사실을 절대 잊지 말자.

키가 낮은 가구를 설치해 스스로 수납하는 습관을 길러주자. 앞에서도 말했듯이 아이들은 일정한 나이를 넘어서면서 자기 물건에 대단한 애착을 갖게 된다. 이때 '정리하는 공간'을 마련해주어야 스스로 해결하는 능력을 키워갈 수 있다.

자주 쓰는 물건은 잘 보이게 수납하자. 이는 아이뿐 아니라 엄마를 위한 수납법이기도 하다. 아이 때는 늘 챙겨야 할 물건이 많다. 이제 막 태어난 아이의 경우 기저귀, 대형 물티슈, 체온계, 가제수건, 젖병, 딸랑이 등 아무리 챙겨도 끝이 없을 정도. 아이의 울음에 신속하게 대처하기 위해서는 필요한 물건을 쉽게 찾을 수 있는 오픈형 수납 도구가 제격이다. 예쁜 디자인을 찾기 힘들다면 나무로 짠 폭이 깊은 수납상자에 뚜껑을 대신하는 귀여운 천을 달아 장식 효과를 노려보자. 나중에 장난감이 많아지면 바퀴

을지로 가구거리에서 맞춤 제작한 빨간 수납함. 연두색 벽지에 딸아이가 좋아하는
빨간색으로 포인트를 주었다. 열쇠 달린 서랍은 아이만의 비밀 공간!

를 달아 이동 가능한 토이박스로 쓰면 된다. 엄마도 물건을 찾기 쉽고, 아이도 정돈하는 습관을 기를 수 있으니 그야말로 활용도 만점짜리 아이템!

자질구레한 소지품은 다양한 케이스에 수납하자.
아이의 물건은 날이 갈수록 다양해진다. 예를 들어 글씨를 배우고, 그림을 그리고, 어린이집에 다니기 시작하면 챙겨야 할 학용품만 해도 세기 힘들 정도. 무독성 크레용, 색연필, 가위, 테이프 등 아이들 학용품은 부피가 크기 때문에 종류 별로 나누어 보관하는 것이 좋다. 과자나 초콜릿이 들어 있던 틴케이스를 활용하면 보기에도 예쁘고 쓰기도 편한 아이만의 문구함이 완성된다! 수납 도구도 살수록 짐이 된다. 그러니 안 쓰는 상자를 활용하거나 엄마의 물건을 아이 것으로 대신하는 센스를 발휘하자.

기성가구를 사는 것도 좋지만 아이의 물건과 방의 여유 공간을 고려해 맞춤 수납함을 제작해보면 어떨까. 수납함의 반 정도는 칸을 나누고 반 정도는 큰 물건이 들어갈 것을 고려해 칸을 나누지 않는 것이 좋다. 아이가 사춘기가 될 때를 대비해 열쇠 달린 서랍을 미리 준비한다면 엄마의 센스는 더더욱 빛날 것!

아이방 가구에 대한 고정관념을 버리자

보통 '아이방' 하면 가장 먼저 떠오르는 것이 사랑스러운 아이 침대다. 하지만 대부분 다섯 살 정도까지는 엄마와 함께 자기 때문에 어린 아이에게 침대는 굳이 필요치 않은 품목.

이때 침대 대신 엄마와 아이가 같이 누울 수 있는 기능성 매트를 추천한다! 기능성 매트 위에 방수요와 러그를 깔아두었다가 아이가 실수했을 경우엔 러그만 떼어내어 세탁하면 된다. 아이방과 어울리는 컬러로 매치하면, 손님용 쿠션으로도 사용할 수 있는 일석이조 아이템!

아이의 학습공간은 집이지 방이 아니다. 책상이 있어야 멋진 공부방을 꾸밀 수 있다는 생각은 잠시 접어두자. 대신 스타일리시한 학교 책걸상으로 색다른 느낌을 연출해보자.

홍대에 있는 'aA 디자인 뮤지엄'이라는 카페에 갔을 때의 일이었다. 해외에서 수입해온 다양한 의자들을 전시해둔 빈티지 카페로, 손님이라면 누구나 의자에 앉는 호사를 누릴 수 있다.

하루는 지인의 소개로 그곳 사장님과 자리를 같이한 적이 있었는데, 어떤 의자가 가장 좋은 의자냐고 물으니 한 치의 망설임도 없이 '학교 책걸상'이라고 대답하는 게 아닌가.

나 또한 학창시절에 집에 있는 가구보다 학교 책상을 탐냈던 기억이 있기에, 아이방에 쿠션과 함께 유아용 학생 가구를 배치했더니 깜찍하면서도 멋스러운 분위기가 연출되었다. 내게 좀 작긴 하지만 가끔 앉아보면 학창시절로 돌아간 것 같은 기분에 괜히 즐거워진다.

조금만 생각하면 얼마든지 멋진 책상을 만들 수 있다. 마트에서 파는 접이용 흰색 탁자를 사서 위에 스마일 모양의 스티커를 붙였더니 순식간에 귀엽고 깜찍한 아이용 좌식 책상으로 변신! 그리 무겁지 않아 여기저기 들고 다닐 수 있는 데다 가격도 저렴한 것이 장점. 좁은 공간에서 활용하기도 매우 효과적이다.

아이방 책장의 다양한 스토리

아이방 가구는, 특히 책장은 아이 눈높이에 맞추는 것이 중요하다. 책을 아이가 쉽게 꺼낼 수 있는 것이 중요하기 때문!

꼭 아이방에 책장을 놓을 필요는 없다. 책장은 여유공간을 이용하는 것이 좋다. 옷장, 책상, 침대 등 아이방에 기본적으로 들어갈 가구를 넣다 보면 책장을 따로 놓을 공간이 없어진다. 더구나 아이들 책은 부피도 크기 때문에 책상만으로 해결이 되지 않는다. 이때 거실 한켠에 책꽂이를 설치하면 벽을 예쁘게 꾸밀 수도 있고 아이들이 책을 꺼내기도 편하다.

감성과 상상력을 선물하는 아이방 벽면

아이방 인테리어에서 엄마의 센스를 가장 발휘하기 쉬운 곳이 '벽면'이다. 아이방 벽면은 아이의 놀이공간이자 학습공간이며 더불어 추억을 담는 공간이다.

벽면은 방에서 가장 많은 면적을 차지하기 때문에 조금만 신경 써도 확 달라진 느낌을 받을 수 있다.

벽면으로 분위기를 바꿀 수 있는 가장 손쉬운 방법은 컬러를 바꿔주는 것! 먼저 친환경 페인트나 친환경 벽지로 한쪽 벽을 컬러풀하게 변신시켜보자. 아이들은 벽지를 통해 상상의 나래를 펼친다. 흔히 여자아이 방에는 핑크색 벽지, 남자아이 방에는 파란색 벽지를 사용하는 경우가 많은데 성별에 대한 고정관념은 버리는 것이 좋다. 벽면 컬러로 전체적인 분위기를 바꿨다면 다양한 벽장식을 활용해 아기자기한 맛을 살려보자.

아이가 좋아하는 액자나 패브릭 등을 걸어두면 아이에게 '나만의 공간'이라는 느낌을 쉽게 심어줄 수 있다. 앞에서 말한 '나뭇잎 독서트리'나 '엄마표 글자카드 일기'도 벽에 붙여놓기 좋은 아이템. 아이 사진이나 직접 그

린 그림을 액자에 넣어 걸어두면, 볼 때마다 만감이 교차하면서 추억이야
말로 가장 훌륭한 소품이라는 생각이 들기도.

그림 솜씨가 좋은 지인은 아이의 방과 문에 직접 페인트를 칠하고 그림을
그린다. 엄마의 정성과 창의력 덕분에 세상에 하나밖에 없는 아이방이 탄
생한다. 물론 아이에게도 붓을 과감하게 맡긴다. 아이방을 꾸밀 때는 철저
히 아이의 입장에서 생각하기 때문이다.
사정이 여의치 않다면 아이에게 칠판으로 자유를 선물하자. 아이들은 집
안 이곳저곳에 그림 그리는 것을 좋아한다. 사실 그림이라기보다 낙서가
맞는 표현일지도 모르지만. 아이가 있는 집 소파는 크레파스나 매직 자국
으로 남아나질 않는다.
이때 아이들이 마음껏 그림을 그릴 수 있는 도구로 '로맨틱 칠판'을 추천
한다. 멋진 디자인 덕분에 그냥 세워두기만 해도 최고의 인테리어가 될 수
있다.

제대로 된 칠판은 아이들에게
창의력과 상상력을 선물해준다.
아이뿐 아니라 기억해야 할 것이
많은 엄마들에게도 유용한
아이템인 만큼, 위쪽은 엄마의
공간, 아래쪽은 아이의 공간으로
만들어보자.
로맨틱 칠판은 1995년 국내 및
세계 최초로 아름다운
컬러보드를 출시했다.

자료제공 : 로맨틱 칠판
www.romantic-board.com

의외의 수납도구에 주목하자

레고 같은 블록은 아이들에게 가장 인기 있는 장난감 중 하나. 하지만 엄마들에게는 블록을 정리하는 것도 무시 못할 일거리다. 박스에 그냥 담아두자니 블록을 찾기도 불편하고 예쁘지도 않아서 늘상 불만이었는데, 친한 언니 집에 놀러갔다 아주 멋진 테이블을 보았다.

블록을 담은 테이블이었는데, 안이 훤히 보이도록 윗면이 유리로 되어 있는 것이었다. 어디에서 샀는지 물어보니, 보석 테이블로 팔던 것을 구매한 거라고. 보석 테이블을 레고 테이블로 활용한 그녀의 센스에 박수를 보낸다. 아이들 인형은 예쁘지만 하나같이 덩치가 커서 보관하기 힘든 품목. 그렇다고 따로따로 놔두자니 집 안도 어질러질뿐더러 인형도 더러워지기 쉽다.

보석 테이블에 블록을 담다!

이때 뚜껑이 달려 있는 천 소재 보관함을 활용
하면, 많은 인형을 깔끔하게 수납할 수 있다.

아이를 어린이집이나 유치원에 보내면서부터 소소한
준비물을 챙겨 오라는 알림장을 자주 받게 된다.
그런데 냉장고나 달력 옆에 알림장을 붙여두었다가 몇
번 잃어버리니 어찌나 당황스럽던지, 다음부터는 아예 방
문에 준비물 박스를 달아놓았다.

알림장뿐 아니라 관리비나 영수증 같은 엄마의 서류까지 보관할 수 있으
니 요모조모 유용한 아이템이다.

인테리어 소품에 과감히 투자하자

어린아이라면 가구보다 인테리어 소품에 투자하자. 가구는 아이의 성장에
맞춰 계속 바꿔줘야 하지만, 인테리어 소품의 경우 잘만 고르면 유행도 덜
타고 보관하기도 편하다.

빈티지로 남을 수 있는 놀이용 가구 또한 강추하고 싶은
품목! 여자아이라면 부엌 가구나 예쁜 인형을, 남자아이
에게는 미니 카나 미니 농구대 등을 권한다.

부피가 크지 않다면 오래도록 추억
의 물건으로 간직할 수 있을 것
이다.

아이들에게는 집 안의 모든 것이 장난감이자 놀이공간이다. 마음 같아서는 하는 대로 내버려두고 싶지만, 언제 어디서 어떤 사고가 날지 안심할 수 없는 노릇. 대신 집 안 구석구석에 아이가 놀 수 있는 공간을 마련해주자.

엄마가 주방에 머무르는 시간이 많은 만큼, 엄마를 졸졸 따라다니는 아이에게 주방은 최고의 놀이터나 마찬가지. 문제는 주방에 사고가 날 만한 위험요소가 많다는 것인데, 엄마가 요리를 하는 동안 아이도 자기만의 시간을 보낼 수 있도록 주방 옆에 아이를 위한 공간을 만들어주자. 아이가 주방에 있는 엄마를 바라보며 그림을 그리거나 소꿉 놀이를 하기에 안성맞춤인 공간이 될 것이다.

한 달에 한 번씩 '요리하는 날'을 정해보면 어떨까. 밀가루 반죽을 해봐도 좋고, 쿠키에 눈코입 모양을 그려봐도 좋다. 아이와 즐겁게 대화도 나누고, 공부도 시키고, 식사도 준비할 수 있으니, 아이뿐 아니라 엄마를 위한 공간으로도 손색없는 셈이다.

다음으로는 욕실에서 즐기는 '욕조 물감놀이'를 추천하고 싶다. 아이가 물감으로 그림을 그리기 시작하면 엄마는 아이에게서 좀처럼 눈을 떼기 힘들어진다. 행여 소파나 벽지에 물감을 묻히지 않을까 불안한 것이 사실. 이때 마음 놓고 그림을 그릴 수 있는 최고의 놀이공간이 바로 '욕실'이다. 여름에는 수영복을 입은 채 마음껏 그림도 그리고 욕조에서 수영도 할 수 있으니 그야말로 일석이조. 물론 세탁하기도 쉽고 몸에 해롭지도 않은 무독성 물감을 사용해야 하는 건 두말하면 잔소리다.

선배 스타일 맘이 말하는
아주 특별한 벽화 그리기

프리랜서 일러스트레이터 조인숙 '집 안 가득 그림 그린 민소맘'이라는 이름으로 더욱 유명하며 모녀의 좌충우돌 런던 생활기를 담은 《90일 간의 London Stay》를 출간한 바 있다.
(http://blog.naver.com/ins4)

내가 그녀를 알게 된 것은 《90일 간의 London Stay》라는 책을 통해서였다. 딸아이와 단둘이 여행하는 것이 로망이었던 나는 단숨에 이 책에 빠져들었다. 그녀가 일곱 살 난 아이와 겁 없는 모험을(?) 감행한 이유는 무엇이었으며 지금은 또 어떤 세상을 바라보고 있는지 들어보았다.

딸아이와 함께 그린 낙서(?)로 유명세를 타다

그녀는 책을 내기 전부터 '집 안 가득 그림 그린 민소맘'이라는 이름으로 잘 알려져 있었다. 아이방에 그린 벽화가 인터넷에 퍼지면서 유명세를 탄 것. 그림을 그리기 시작한 이유가 무엇인지 물어보았더니, 별다른 의도가 있었던 건 아니었다고.

"큰 딸 민소가 어릴 적부터 유독 벽에 낙서하는 걸 좋아했는데, 어느 순간부터 그대로 두면 안 되겠더라고요. (웃음) 이왕 그릴 거면 함께 그리는 게 좋겠다고 생각했어요. 잘 그리든 못 그리든 상관하지 않고 동화책도 보고 이야기도 하면서 신나게 그렸죠. 뭘 하든 결과를 두려워하지 않는 마음이 오히려 좋은 결과를 낳는다고 생각해요. 무엇보다 중요한 것은 그림을 그리면서 아이도 저도 한층 더 행복해졌다는 사실입니다."

아이와의 여행은 인생에서 가장 소중한 시간

단둘이 여행을 떠나는 데 망설임은 없었는지 묻자, 그녀는 아이와 함께 새로운 세상을 경험하며 유대감을 나누고 싶은 욕심에(?) 과감한 결단을 내릴 수 있었다며 환하게 웃었다.

"엄마가 되면 꼭 해보고 싶은 것 중 하나가 아이와 단둘이 여행을 떠나는 거였어요. 민소가 초등학교에 입학하기 전 자유와 추억을 선물해주고 싶다는 마음도 한몫 했고요. 결코 쉽게 내린 결정은 아니었죠. 간혹 책을 보신 분들이 그래도 여유가 있으니 3개월씩이나 여행을 다녀온 게 아니냐는 이야기를 하시는데, 그렇게 보일 수는 있겠지만 조금 억울해요.(웃음) 사실 딸아이 유치원도 못 보낼 정도로 경제적으로 힘든 시기였거든요. 그래서 더더욱 그 정도는 해도 된다고 생각했고, 결국 2개월 동안 그림 그린 돈으로 비행기 티켓부터 끊었죠."

영어도 잘 못하고 아는 사람 한 명 없는 여행이 걱정스러웠지만, 아이와 런던 구석구석을 돌아다니면서 많은 것을 보고 배우고 느꼈다는 그녀. 모든 것이 환상의 커플인 딸아이 덕분이라며 여행을 통해 성장할 수 있었던 것은 도리어 자기 자신이라고 말했다.

아이와 서로 격려하면서 배우고 성장하는 엄마가 되고 싶다

얼마 전 민유라는 딸을 얻어 두 아이의 엄마가 된 그녀. 그녀가 그리는 엄마는 어떤 모습일까.
"어떤 엄마가 되고 싶다는 생각보다 당장 제가 하고 싶은 것이 많아요. 사진도 좀 더 전문적으로 배우
고 싶고, 글쓰기나 외국어도 공부하고 싶고요. 굳이 찾자면 예술과 문화를 즐길 수 있는 집 안 분위기를
조성해주는 것 정도랄까요. 두 아이와 서로 격려해주면서 함께 배우고 성장하는 엄마가 되고 싶습니다."

그녀는 지금 오랜 숙원인 DIY 책에 새롭게 도전하고 있다. 누구나 할 수 있는 것이라 해도 정작 새로운
것에 도전하는 용기를 지닌 사람은 많지 않기에 그녀가 새삼 대단하게 느껴진다. 그리고 그녀의 10년 뒤
가 더욱 궁금해진다.
"밝고 당당하고 자신 있게, 너답게!" 이야기를 듣는 내내 그녀가 딸 민소에게 거는 주문이 귓가에 맴돌
았다.

아이방 벽화 그리기 : 친환경 페인트를 사용한다. 벤자민무어 등 다양한 컬러의 무독성 페인트가
출시되면서 예전보다 그리기 수월해졌다. 대부분 그림을 망칠까 겁을 먹는데, 망쳐도 다시 페인트
를 칠하면 되니 걱정하지 말라는 것이 그녀의 조언. 밑그림은 하얀색 색연필을, 세밀한 부분은 아
크릴 물감을 쓰는 것이 좋다.

세상의 모든
엄마에게 파이팅을!

솔직히 고백하건대 스타일에 관한 책을 쓰는 동안 정작 '스타일'과는 거리가 먼 모습으로 지내야만 했다. 제대로 잘 수 없었던 탓에 얼굴은 다크서클로 팬더곰처럼 변해갔고, 피부는 윤기를 잃은 지 오래였다. 그나마 숨쉬기 운동만 했는데도 몸까지 팬더곰이 되지 않은 것이 다행이랄까.

가장 힘들었던 것은 내가 이 책을 써도 되는지에 대한 고민이었다. 원고를 쓰는 내내 '과연 내가 이 책을 쓸 자격이 있는 사람일까?'라는 의문이 머릿속을 떠나지 않았으니까.

그럼에도 불구하고 감히(?) 이 책을 세상에 내놓은 데는 나름의 이유가 있다. 어떻게 해야 스타일리시해질 수 있는지에 대한 책은 많지만, '왜' 스타일리시해야 하는지를 말해주는 책은 없다고 느꼈기 때문이다. 더구나 왜 '엄마'가 스타일리시해야 하는지에 대해서 말이다.

나는 아이를 낳고 키우면서 엄마에게 스타일이 얼마나 중요한 것인지를 깨달았다. 엄마에게 스타일이란 외적인 것을 뛰어넘어 자신을 표현하는 '수단'이자 당당한 '마음가짐'이다. 그리고 이 책을 쓰기 위해 많은 스타일 맘을 만나고 취재하는 과정에서 다시 한 번 내 생각을 확신할 수 있었다.

좋은 의도로 쓴 글이 자칫 가볍게 보이지는 않을까 살짝 두렵기도 하다. 내게 '임신부터 출산 후 3년'은 '아름다운 전쟁' 같은 시간이었다. 너무나 행복했지만 모든 것이 낯설어 힘들었던 만큼, 후배맘들이 나 같은 실수를 되풀이하지 않기를 바라며, 내 딸아이에게 언젠가 이 책이 조금이라도 도움이 되길 바라는 마음으로 이 글을 써내려갔다. 다만 글재주가 부족해 속내를 매끄럽게 풀어내지 못한 것이 안타까울 따름이다. 이 자리를 빌려 세상의 모든 초보맘들에게 다시 한 번 '파이팅'을 외친다.

무엇보다, 감사할 사람들이 너무나 많다.

미흡한 원고의 가능성을 찾아준 쌤앤파커스 대표님과 열정으로 빛내준 출판사 식구들, 원 시스터즈 김지원, 내 인생의 근원인 하나님, 늘 파이팅을 보냈던 양가 가족, 많은 기도와 응원을 보내준 내 인생의 반쪽인 남편, 늘 부족한 엄마에게 격려 편지를 쓰고 고사리손으로 기도해준 여섯 살 난 우리 딸, 끝으로 내 인생의 스타일 멘토이자 사랑하고 닮고 싶은 '어머니'에게 이 책을 바친다.

Special Thanks to...

흔쾌히 추천사를 써주신 작곡가 겸 피아니스트 이루마 님, 한양대학교 가정의학과 박훈기 교수님, 뮤지컬 배우 강효성 교수님, 방송작가 길유정 님, 아나운서 신지혜 님, 마지아 앤 코 김유림 대표님께 감사를, 격려를 아끼지 않은 드라마 PD 유한나 님, 작가 유용미 님, 유소라 기자 님, 포토그래퍼 임선영 님에게 감사를, 즐겁게 인터뷰를 해주신 음반 칼럼니스트 최은정 님, 컬러코드 대표 김경미 교수님, 호산병원 김미하 원장님, 제일기획 박지현 국장님, 《London Stay》 저자 조인숙 님과 늦은 밤에도 즐겁게 촬영하고 팁을 주신 '제스터 요가' 표혜선 원장님과 오혜정 님께 고마움을 보냅니다.

자신의 일처럼 도와준 로맨틱 칠판 강경숙 대표님, 늘 멋진 권희정 언니와 따뜻함으로 힘을 준 아티스트 김민지 님, 아티스트 이유리 님, 영어독서지도자 강유진 님, 키페 사장 남승희 님, 이세보 박시언 대표님, 늘 파이팅 전화를 해주던 런던의 숙 언니, 영어독서지도자 황정욱 님, 소설가 배지서 님, 친구 김현지, 내 커리어의 멘토였던 김종학 감독님, 이장수 감독님, 박창식 대표님, 이학천 이사님, 드라마다, 《경청》의 박현찬 작가님, 인생의 새로운 꿈을 심어주신 이명신 교수님, 형애장학회 최효정 이사장님과 내 인생을 스쳐갔던 많은 고마운 인연들에게 감사함을 전합니다.

지은이 문정원

대학시절부터 구성작가로 활동하며 영화 시나리오를 쓰기 시작했고, 졸업 후 김종학 사단에 들어가 드라마 기획팀에서 일했다. 그 후 드라마 PD로 활동하며 SBS 미니시리즈 〈아름다운 날들〉에 참여했으며, 엔터테인먼트 회사에서 기획실장을 역임했다. 서른 직전 혼자 떠난 두 달 간의 유럽여행을 통해 일 중독증에서 해방된 후, 현재는 '스타일은 새로운 도전'이라는 모토 하에 여섯 살 난 딸아이의 엄마로 살고 있다. 서른두 살에 자신의 미니미인 딸을 얻었고, 아이와 함께하는 하루하루가 너무나 새롭고 감사하다는 그녀는, '나'다운 것이 가장 스타일리시한 것이며, 나이 들수록 진정한 스타일리시함을 발휘할 수 있을 거라 믿고 있다. 먼 훗날 손자손녀에게 '스타일리시한 할머니'로 불리고 싶다는 다부진 소망의 소유자로, 이 책을 통해 세상의 모든 초보맘들이 인생을 즐길 줄 아는 '스타일리시 맘'으로 살았으면 하는 바람을 가지고 있다.

1974년 서울에서 태어나 연세대 신문방송학과를 졸업했으며, 글을 쓰고 그림 그리는 것을 즐긴다. 지은 책으로는 문화 에세이집 《소금편지》가 있다.

Mom CEO

강헌구 지음 | 12,000원

150만 베스트셀러 《아들아, 머뭇거리기에는 인생이 너무 짧다》의 엄마편. 자녀들의 운명을 바꾸는 멘토이자 코치, 카운슬러로서 더 큰 그림을 그리는 《Mom CEO》로 거듭나는 방법을 제시해준다. (추천 : '엄마'라는 가정의 최고경영자를 위한 총체적 지침서이자 자녀 육성의 올바른 원칙을 가르쳐주는 책)

가슴 뛰는 삶

강헌구 지음 | 13,000원

꿈을 꿈으로만 남겨두지 마라. 간절히 원하는 그 모습으로 살아라. 가슴 벅찬 삶을 사는 법에 관한 '비전 로드맵.' 인생의 비전을 찾지 못한 이에게는 통찰과 작심을, 현재의 자리에서 머뭇거리고 있는 이에게는 돌파와 질주의 힘을 주는 책. (추천 : 꿈을 찾지 못한 중고생과 대학생, 그리고 좌절의 길에서 주춤하고 있는 직장인들을 위한 책)

시가 마음을 만지다

최영아 지음 | 11,000원

누구나 가슴속엔 잊지 못할 시 한 편이 있다. 대한민국 대표 시 37편이 '내 안의 나'를 감싸 안아주는 공감과 위로의 심리치유 에세이. 소리 내어 읽는 시는 마음속에 담아두었던 아픔과 슬픔을 보듬고, 가슴 깊은 곳에 갇혀 있던 감정의 실체를 깨닫게 한다. (추천 : 시를 통해 억눌려 있던 감정을 해소하고 잃어버린 감성을 되찾아주는 책)

인생에 대한 예의

곽세라 지음 | 12,000원

세상에서 가장 예쁘게 웃는 여자로 불리는 저자 곽세라가 지구별을 여행하며, 따듯한 시선과 촉촉한 마음으로 인터뷰한 18명 '영혼의 힐러들'의 이야기. 삶을 대하는 태도를 변화시킨 이들의 이야기를 통해 가슴 깊은 곳까지 감동의 메아리를 전달해준다. (추천 : 귀찮아서 혹은 두려워서 미뤄왔던 자기애와 행복감을 다시 돌보게 하고 되찾아주는 책)

어린이 명상놀이

실비아 렌드너-피셔 지음 | 이수경 감수 | 임영은 옮김 | 값 15,000원

창의력이 뛰어난 아이, 자존감 높고 사랑받는 아이로 키우는 부모들의 교육법은 뭘까? 유럽에서 높은 평가와 인기를 모은 명상놀이법을 소개하는 이 책에는 놀이를 통해 아이들의 집중력을 높여주고 창의적인 생각을 키울 수 있는 놀이 비법 17가지가 실려 있다. (추천 : 3~7세 아동들의 창의성 교육에 관심 있는 부모들, 유치원 선생님들)

미안해 쿠온, 엄마아빠는 히피야!

박은경 지음 | 13,000원

바람난 히피가족, 자주색 스쿨버스를 타고 행복을 찾아 떠나다! 지구별 가장 아름다운 곳을 찾아다니며 내가 원하는 곳에 '나'를 놓아두는 히피적인 삶, 떠나고 싶을 땐 깃털처럼 떠나고, 마음에 들면 질릴 때까지 머무는, '세상에서 가장 행복한 어느 히피가족'의 이야기다. (추천 : 히피의 심장을 가진 당신의 자유로운 영혼에 화르륵 불을 붙여줄 책)

신은 여자에게 더 친절하다

세라 벡 지음 | 곽세라 옮김 | 12,000원

신은 여자에게 훨씬 더 근사한 삶을 누릴 수 있는 능력을 주었다. 이 책은 본능적인 심미안, 직관과 감수성, 포용력 등 여성만이 가진 특별한 능력을 이용해서 좋은 운명을 끌어들이고 우주의 메시지를 유리하게 이용하는 방법을 알려준다. (추천 : 몸과 마음과 영혼을 다스리고 치유하는 다양한 힐링팁으로 위로와 자신감을 주는 책)

품격있는 아이로 키워라

엘리자베스 버거 지음 | 이선영 옮김 | 12,000원

'미래의 리더'를 만드는 '인격 코칭' 가이드북! 지성과 감성과 사회성이 조화된 '품격'은 세계를 이끄는 1% 리더들의 제1자산이다. 아이의 품격이 형성되는 근본적인 원리를 파헤쳐 '품격' 있는 아이로 키울 수 있는 지침을 알려준다. (추천 : 0세부터 18세까지 품격형성의 핵심자질을 성장 단계별로 알려주는 고품격 자녀교육서)

천만 개의 세포가 짜릿짜릿

김태은 지음 | 13,000원

'재용이의 순결한 19', '2PM의 와일드 바니' 등을 연출한 대한민국 방송계 최고의 문제적 PD 김태은의 인생탐미론. 근거 없는 자신감과 주체 못하는 호기심으로 벌여놓은 그녀의 좌충우돌 '삽질과 뻘짓의 연대기'를 통해 유쾌한 즐거움과 가슴 뭉클한 감동을 느낄 수 있다. (추천 : 청춘을 앓고 있는 젊은이들에게 짜릿한 '인생도발'과 뜨끈한 자극을 전하는 책)

어린이를 위한 가슴 뛰는 삶

강헌구 지음 | 11,000원

대한민국 최고의 비전 멘토 강헌구 교수가 아이들에게 '성공으로 이끄는 비전의 힘'을 제시하는 책. 비전이 가진 의미와 비전이 발휘하는 힘, 비전을 세우는 방법 등을 흥미로운 이야기를 통해 쉽고 재미있게 풀어낸다. (추천 : 아이들이 꿈과 미래를 생생한 비전으로 그릴 수 있도록 도와주는 책)